SYSTEMANALYSE · MODELLIERUNG · SIMULATION

SYSTEMANALYSE · MODELLIERUNG · SIMULATION

# Anwendungsaspekte der Systemanalyse

Ausgewählte Beiträge der 7. Jahrestagung "Grundlagen der Modellierung und Simulation", Rostock, 12. - 14. Dezember 1978

Herausgegeben von
Prof. Dr. Achim Sydow

Mit 28 Abbildungen

Akademie-Verlag · Berlin 1980

Erschienen im Akademie-Verlag, DDR-108 Berlin,
Leipziger Straße 3 - 4

Lizenz-Nr. 202/419/8o
Herstellung: VEB Kongreß- und Werbedruck, Oberlungwitz
Umschlag: Rolf Kunze, Großpösna
Bestellnummer: 762 805 7 (6564) · LSV 1095
Printed in GDR
DDR 19,5o M

## V o r w o r t

Mit der 7. Jahrestagung des Fachausschusses "Modellierung" der Wissenschaftlichen Gesellschaft für Meßtechnik und Automatisierung der KDT unter Mitwirkung des Zentralinstitutes für Kybernetik und Informationsprozesse der AdW der DDR zu Grundlagen der Modellierung und Simulation beginnend, werden thematisch zusammengefaßte Beiträge in einem Sammelband Systemanalyse/Modellierung/Simulation erscheinen. Hierdurch wird der gewachsenen wissenschaftlichen und gesellschaftlichen Bedeutung der in der Tagung behandelten Thematik Rechnung getragen. Auf der 7. Jahrestagung standen Gegenstand, Methoden und Anwendung der Systemanalyse im Vordergrund sowie Übersichten zu verschiedenen Simulationsthemen. Von den über 6o Beiträgen wurden neun Übersichtsbeiträge für diese Veröffentlichung ausgewählt. Diese Beiträge ergeben einen interessanten Einblick sowohl in den internationalen Stand als auch in Leistungen von Wissenschaftlern der DDR.

Das Arbeitsgebiet der Systemanalyse ist noch gemessen an anderen Zweigen der mathematischen Modellierung technischer und anderer Systeme sehr jung. Für die Systemanalyse nichttechnischer Systeme müssen leistungsfähige Methoden im Rahmen der Mathematik und Kybernetik, der Gesellschaftswissenschaften entwickelt werden. Es müssen leistungsfähige Simulationssysteme für den interaktiven Betrieb zwischen Mensch und Computer bereitgestellt werden. Und es muß die interdisziplinäre Arbeit zwischen Gesellschaftswissenschaftlern, Mathematikern, Kybernetikern und Rechentechnikern geübt werden. Das Kooperieren zwischen Vertretern dieser Wissenschaftsdisziplinen will gelernt sein. Der Beitrag von Herrn Prof. Dr. K. Bichtler, stellv. Generalsekretär der AdW der DDR und Vorsitzender des Komitees für Angewandte Systemanalyse beim Präsidenten der

AdW der DDR, zeichnet ein breites Bild vom Anliegen der Systemanalyse bis hin zu den hohen gesellschaftlichen Erwartungen und gleichzeitig auch die Grenzen.

In den Beiträgen der Autorenkollektive
Prof. Dr. K. Reinisch, Dr. R. Straubel, Prof. Dr. A. Sydow;
Dr. K. Bellmann, Dr. W. Ebert; Dr. A. Becker, Dr. G. Otte,
Dr. J. Wernstedt; Dr. D. Böhm, Prof. Dr. H. Strobel;
Dr. J. Fischer, Dr. H.-D. Gerhardt, Prof. Dr. G. Schwarze,
Dr. B. Tarlôs, Dipl.-Math. M.Voss; Prof. Dr. H. Krampe;
Dr. V. Dienhold, Dr. M. Frank werden in Übersichten das Eindringen systemanalytischer Methoden in wichtige Zweige der Volkswirtschaft sowie die Simulation als wichtiges Hilfsmittel der Systemanalyse behandelt.

Möge der vorliegende Band ein Beitrag zur Förderung der Systemanlyse sein.

Achim Sydow

# INHALTSVERZEICHNIS

## BEMERKUNGEN ZUR SYSTEMANALYSE

K. Bichtler, Stellvertreter des Generalsekretärs der Akademie der Wissenschaften - Berlin

Die 7. Jahrestagung des Fachausschusses "Modellierung" der Wissenschaftlich-Technischen Gesellschaft für Meß- und Automatisierungstechnik an der Kammer der Technik hat sich mit der Thematik "Grundlagen der Modellierung und Simulationstechnik" einem Gegenstand zugewandt, der in der wissenschaftlichen Literatur und Öffentlichkeit zunehmend an Bedeutung gewinnt und der in direkter Beziehung zu Zielstellungen und Aufgaben des Komitees für Angewandte Systemanalyse beim Präsidenten der Akademie der Wissenschaften der DDR steht.

In den letzten Jahren ist es mehr und mehr zu einem objektiven Erfordernis geworden, systemanalytische Forschungen zu entwickeln, die dazu notwendigen Methoden und Instrumentarien zu vervollkommnen sowie anhand konkreter Untersuchungen gewonnene Erfahrungen methodologisch zu verallgemeinern.

Als folgerichtige Konsequenz haben sich inzwischen vielerorts wissenschaftliche Gruppen gebildet, die sich dieser Problemstellung zuwenden. In einer Reihe von Ländern sind Bemühungen im Gange, solche Gruppen zu institutionalisieren und spezielle wissenschaftliche Institute zu schaffen, die sich der Systemanalyse auf der Grundlage eigenständiger Forschungskonzeptionen annehmen.

So wurde beispielsweise in der UdSSR vor einigen Jahren das Allunionsforschungsinstitut für Systemforschungen in Moskau gegründet; auch in der Volksrepublik Polen existiert seit 1977 bei der Polnischen AdW ein Institut für Systemforschung.
Solche Bestrebungen sind ebenfalls in entwickelten kapitalistischen Ländern wie beispielsweise in den USA festzustellen.
Besonders hervorzuheben ist das Internationale Institut für Angewandte Systemanalyse (IIASA) in Laxenburg/Österreich, das 1972 als nichtstaatliches wissenschaftliches Institut von Akademien der Wissenschaften oder ähnlichen wissenschaftlichen Institutionen aus 5 sozialistischen und 7 kapitalistischen Industrieländern gegründet wurde. Die DDR ist Gründungsmitglied dieses inzwischen 17 Mitgliedsorganisationen umfassenden Instituts. Das IIASA ist ein Beispiel dafür, daß es auf der Grundlage der Politik der friedlichen Koexistenz wissenschaftlichen Institutionen aus Ländern gegensätzlicher sozialer Ordnungen möglich ist, g e m e i n s a m ein internationales Institut zu betreiben.

Auch in der DDR formieren sich zunehmend Kollektive und Gruppen von Wissenschaftlern, die sich der Systemanalyse zuwenden. Von ihnen werden sowohl methodologische Forschungen betrieben als auch konkrete Probleme und Fragestellungen mit Hilfe systemanalytischer Methoden untersucht. Als Beispiele dafür sollen hier Untersuchungen zur Agrar- und Nahrungsgüterwirtschaft, zu Energie- und Umweltproblemen, zur Modellierung ökologischer Systeme, zu Verkehrssystemen u.a. genannt werden, um willkürlich einige herauszugreifen.

Die Bildung des Komitees für Angewandte Systemanalyse beim Präsidenten der AdW der DDR reiht sich in die Bemühungen ein, die Entwicklung und Anwendung der Systemanalyse in der DDR voranzubringen. Dieses Komitee vertritt die AdW der DDR im IIASA und hat die Aufgabe, als leitendes und koordinierendes Organ zur Wahrnehmung der Mitgliedschaft im IIASA zu wirken. Es sieht aber seine Aufgabe zugleich darin, systemanalytische Untersuchungen zu initiieren sowie Forschungsergebnisse des IIASA für die DDR nutzbar zu machen.

International wächst gegenwärtig rasch die Zahl der systemanalytischen Publikationen sowie der Konferenzen, Symposien usw., auf denen Ergebnisse systemanalytischer Untersuchungen vorgelegt und diskutiert werden. Jedoch schon eine grobe Durchsicht der Literatur macht offenkundig, daß die Ansichten über das, was Systemanalyse ist, stark divergieren. Es gibt keine allgemein anerkannte Auffassung über den Gegenstand, den Charakter und die Aufgaben der Systemanalyse, und demzufolge wird auch die Systemanalyse auf sehr unterschiedliche Weise definiert; auch gibt es noch keine allgemeine Literatur über Systemanalyse, keine entwickelten und systematisierten Ausbildungsprogramme, anhand derer Systemanalytiker ausgebildet werden könnten, ja es gibt gar keine solche Ausbildungsdisziplin.

In diesem Zusammenhang erhebt sich als Frage, ob es überhaupt eine Wissenschaftsdisziplin "Systemanalyse" gibt und geben kann. Nicht wenige Wissenschaftler bestreiten das und meinen, daß die Systemanalyse keine - zumindest noch keine - eigenständige wissenschaftliche Disziplin darstellt. Systemanalyse wird von ihnen als eine Kunst oder auch als ein Handwerk betrachtet, das mit einem hohen Maß an individuellem Schöpfertum verbunden ist, Fachkenntnisse erfordert und wissenschaftliche Informationen aus zahlreichen Quellen verbindet, um daraus ein einmaliges Produkt für den praktischen Gebrauch zu schaffen. [1)]

Systemanalyse ist hier als ein aus verschiedenen Wissenschaftsdisziplinen sich bedienendes und gespeistes Instrument verstanden, wobei durch das Zusammenwirken verschiedenster Einzelwissenschaften praktisch relevante Resultate erzielt werden.

Es soll hier nicht der Versuch unternommen werden, den in der Literatur vorhandenen Definitionsbestimmungen der Systemanalyse eine neue hinzuzufügen. Der Stand der Erfahrungen bei der Untersuchung von Problemstellungen mit Hilfe der Systemanalyse sowie der Grad der Verallgemeinerung dieser Erfahrungen lassen kaum ein ausreichend befriedigendes Ergebnis erwarten. Zudem scheint es gegenwärtig wissenschaftlich wenig produktiv, eine Definitionsdiskussion zu beginnen, die mit hoher Wahrscheinlichkeit nicht voranzubringen hilft bei der kritischen Wertung und Verallgemeine-

---

[1)] Diese Ansicht vertritt beispielsweise der Direktor des IIASA, Dr. R. Levien

rung vorhandener positiver Resultate systemanalytischer Untersuchungen, der Generalisierung ihrer methodischen Grundlagen und Instrumentarien sowie der Formulierung solcher Problemstellungen und Gegenstände, die für eine Untersuchung mit dem Instrumentarium der Systemanalyse wissenschaftlich tragfähig genug und sinnvoll sind.

Mit dieser Feststellung soll keineswegs die Aufgabe negiert werden zu beschreiben, womit sich Systemanalyse beschäftigt, und zu diskutieren, wodurch sie sich beispielsweise von der Regelungstheorie oder auch der Anwendung mathematischer Methoden in der Ökonomie abhebt. Ein solcher Versuch ist von theoretischem wie praktischem Nutzen, kann doch dadurch gezeigt werden, wo Systemanalyse angesiedelt ist, und es können ihre Möglichkeiten, aber auch ihre Grenzen dargestellt werden.

Ein grober Überblick über vorliegende Resultate systemanalytischer Untersuchungen und Fragestellungen zeigt, daß unterschiedlichste Problemsituationen, die auf ganz verschiedenen Ebenen liegen und die z.T. durch unterschiedliche Fragestellungen gekennzeichnet sind, systemanalytischen Untersuchungen unterzogen werden.

Zur Illustration dieser Feststellungen sollen nachfolgend 4 Beispiele herausgegriffen werden, die - mit allen notwendigen Vorbehalten - geeignet erscheinen, diese Vielfalt des Gegenstandes systemanalytischer Forschungen und des systemanalytischen Angehens von Problemen sichtbar zu machen, aber auch das Gemeinsame einer systemanalytischen Betrachtungsweise und Fragestellung zu erhellen vermögen.

Ein erstes Beispiel: Ein unzweifelhaft eminentes Problem mit hoher praktischer Relevanz ist in unserer sozialistischen Gesellschaft - und darauf weisen die Beschlüsse und Dokumente der Partei mit allem Nachdruck hin - die Intensivierung der landwirtschaftlichen Produktion. Von unserem - hier zur Debatte stehenden - Aspekt geht es dabei vor allem darum zu untersuchen und zu beschreiben, wie die vielfältigen Faktoren, die mit der Intensivierung der landwirtschaftlichen Produktion verbunden sind, komplex zusammenwirken.
Das Zusammenwirken dieser Faktoren zu untersuchen heißt aber, sie auf der Basis einer geeigneten, formalisierten Beschreibung so zu quantifizieren, daß möglichst gut der Realität entsprechende Modelle ihres Wirkens erarbeitet werden können.

Entsprechend der zugrunde gelegten Gesamtkonzeption werden diese Modelle die verschiedenen Aspekte einer Problemstellung mehr oder weniger gut darstellen, wobei es nur so gelingt, die Dynamik der Wechselwirkung bestimmter Faktoren, ihres zeitlichen Einflusses auf das System und sich daraus ableitende Begrenzungen zu erfassen.
Es muß also auf der Basis agronomischer, hydrologischer, agrarökonomischer, ökologischer, soziologischer, ökonomischer usw. Forschungen letztendlich die Frage beantwortet werden, wie durch das Zusammenwirken aller oder zu-

mindest der entscheidenden Intensivierungsfaktoren der landwirtschaftlichen Produktion bei vorgegebenen Zielen welche Resultate wann möglich und unter welchen Bedingungen wahrscheinlich sind sowie mögliche Varianten zu identifizieren und zu beschreiben.

Ein zweites Beispiel: Ein nicht weniger wichtiges Problem unserer volkswirtschaftlichen Praxis unter den Bedingungen des zunehmenden Einflusses von Wissenschaft und Technik ist die Bewertung von Technologiefolgen.

Die neue Dimension der Auswirkung von wissenschaftlich-technischen Umwälzungen auf alle Bereiche des gesellschaftlichen Lebens - national und international - hat eine systematische Technologie-Folgen-Bewertung zu einem dringenden Erfordernis wissenschaftlicher Entscheidungsvorbereitung gemacht.

Technologie-Folgen-Bewertungen sind wichtige Instrumente zur Markierung jener Schwerpunkte in der Wissenschafts- und Technologie-Politik geworden, die eine immer größere Rolle in der Klassenauseinandersetzung von Sozialismus und Imperialismus spielen. Sie haben im wesentlichen drei Funktionen zu erfüllen.

Erstens sollen sie jene Technologien identifizieren, auf die es sich beim gegenwärtigen Entwicklungsstand lohnt, das wissenschaftlich-technische Potential der Gesellschaft zu konzentrieren.

Zweitens sollen die widersprüchlichen Seiten der sozialökonomischen Wirkungen von Technologien offengelegt und Strategien vorgeschlagen werden, mit denen die positiven Wirkungen gefördert und negative Wirkungen blockiert oder gemindert werden.
Und drittens sollen sie zu einer größeren Effektivität im Prozeß der Realisierung und Ausbreitung von Technologien beitragen, indem sie den gesellschaftlichen und ökonomischen Nutzen vorhandener und zukünftiger Technologien und die komplexe Verflechtung ihrer sozialen und ökonomischen Wirkungen herausarbeiten.
Technologie-Folgen-Bewertungen zielen somit darauf ab, Folgewirkungen in betroffenen Teilbereichen der Gesellschaft und ihrer natürlichen Umwelt zu erforschen und zu bewerten.

Da die Technologie-Folgen-Bewertung sich also vor allem mit den Auswirkungen von Technologien auf das gesellschaftliche Leben beschäftigt, stellt sie in erheblichem Maße praxisbezogene, interdisziplinäre Gemeinschaftsarbeit von Natur- und Gesellschaftswissenschaftlern dar. Dabei kann man auch hier nicht davon ausgehen, daß es für die Durchführung solcher Untersuchungen eine "Standard-Methode" oder ein "Standard-Instrumentarium" gibt.

Die Technologie-Folgen-Bewertungen müssen vielmehr alle verfügbaren Methoden und Instrumentarien von mathematisch-kybernetischen Verfahren, Simulationsmodellen bis zu beschreibenden Szenarien verbalen Charakters zur komplexen Analyse nutzen, um wirtschaftspolitische Entscheidungshilfen in Form von Varianten und Strategien zu liefern.

<u>Ein drittes Beispiel:</u> Ein Problem von unzweifelhaft weltweitem Interesse ist die Einschätzung der mittel- und langfristigen Entwicklung der Energieressourcen.
Vor der Energiewirtschaft steht die Aufgabe, ausgehend von der zu erwartenden weiteren Entwicklung des Verbrauchs bei gleichzeitig sich ändernder Qualität der Rohstoffquellen, die Frage des Übergangs von der gegenwärtigen Struktur der Energieversorgung auf der Basis fossiler Ressourcen zu einer Struktur, die uns die benötigte Energie mehr oder weniger unbegrenzt zur Verfügung stellt, zu beantworten. Das erfordert, ein Grundschema zur Vorhersage über die Höhe und die Struktur des Energieverbrauchs zu entwickeln. Während es für letzteres bereits leistungsfähige Verfahren gibt, die eine Analyse aller Stufen der Energiekette von der Primärenergiequelle bis zum Endverbrauch gestatten, ist die Situation für die Bedarfsvorhersage anders. Viele sich widersprechende Modellierungsanstrengungen verlangen ein besseres Systemverständnis.

Gegenstand der Systemanalyse auf dem Gebiet der Energiewirtschaft sind globale und langzeitliche Aspekte des Energieproblems. Sie erweist sich dabei als geeignetes Mittel, die inneren Beziehungen zwischen Energie, technischen und ökonomischen Faktoren, ihren Grenzen und ihrer zeitlichen Entwicklung zu qualifizieren, indem jeweils ein ganzer Satz von regionalen bzw. globalen Modellen erarbeitet wird, um diese verschiedenartigen Aspekte zu untersuchen. Solche Modelle beschreiben unter anderem

- die Vorratslage der Bodenschätze der Welt
- die Bedarfsentwicklung auf der Basis angenommener Szenarien in verschiedenen Regionen der Welt
- optimale Versorgungsstrategien unter Berücksichtigung vielfältiger äußerer Zwänge (z. B. herrührend aus der Umweltschutzproblematik)
- Alternativvarianten für die Gegenüberstellung der Vor- und Nachteile der solaren, nuklearen und Kohleenergie.

Diese verschiedenen Sätze von Modellen sind lose miteinander gekoppelt, ohne jedoch damit ein "Supermodell" zu bilden. Damit gelingt es, die verschiedensten Seiten einer Fragestellung äußerst verfeinert auf höherer qualitativer Ebene zu untersuchen und der Forderung nach mehr Flexibilität gerecht zu werden.

Als ein letztes Beispiel sei die Modellierung der globalen Entwicklung genannt, die insbesondere durch die Diskussionen um die Modelle des Club of Rome und dessen Nachfolger allgemein bekannt geworden ist.

Die bisherigen Versuche globaler Modellierung, die inzwischen aus marxistischer Sicht kritisch bewertet und eingeschätzt wurden, spiegeln die zunehmende Auswirkung globaler Probleme auf die Menschheitsentwicklung unter den Bedingungen der wissenschaftlich-technischen Revolution wider und versuchen, Vorstellungen über mögliche Haupttendenzen der Menschheitsentwicklung in den kommenden 50 - 100 Jahren zu gewinnen sowie Methoden der gezielten Einflußnahme auf diese Entwicklung zu beschreiben.

Die Spezifik der globalen Modellierung besteht besonders darin, daß es sich um sehr komplizierte Probleme, um Probleme wahrhaft globalen Ausmaßes handelt, wobei eine große Zahl der verschiedenartigsten Faktoren (politische, soziale, wirtschaftliche, technische, demographische, kulturelle usw.) eine Rolle spielen und durchsichtig und bewertbar gemacht werden müssen. Das zwingt dazu, derartige Probleme komplex und unter Berücksichtigung aller ihrer Wechselbeziehungen zu analysieren. Dabei wird die interdisziplinäre Zusammenarbeit von Gesellschafts-, Natur- und technischen Wissenschaften zur unausweichlichen Notwendigkeit. Eine solche Aufgabenstellung setzt neue Forschungsmethoden voraus. Wenn die Modellierung der globalen Prozesse auf wissenschaftlicher Grundlage erfolgen soll, dann wird die Systemanalyse zu einem unabdingbaren Instrument der Forschung, um praktikable Entscheidungshilfen der Steuerung zu gewinnen. [1)]

---

1) Vergl. hierzu: D.M. Gwishiani, Methodologische Probleme der Modellierung der globalen Entwicklung, in Sowjetwissenschaft, Gesellschaftswissenschaftliche Beiträge 10/1978

Die skizzierten Beispiele systemanalytischer Untersuchung demonstrieren eine z.T. gravierend unterschiedliche Dimension der Problemstellung (globale Menschheitsprobleme, aber auch Teilprobleme bestimmter volkswirtschaftlicher und gesellschaftlicher Bereiche), des anvisierten Zeithorizonts usw., sie weisen aber auch auf Gemeinsames hinsichtlich der Methodologie, d.h. der Art und Weise der Betrachtung und Fragestellung usw. sowie des eingesetzten Instrumentariums hin.
Wollte man das Gemeinsame dieser systemanalytischen Untersuchungen beschreiben, so ist vor allem folgendes hervorzuheben:
Es ist ein Merkmal der Systemanalyse, daß sie sich mit vielgestaltigen Gegenständen befaßt, die einen hohen Grad von Kompliziertheit aufweisen. Die Gegenstände müssen selbst ein komplexes System darstellen. Komplexität des Problems scheint jedoch keineswegs hinreichend. Die Wissenschaft kennt viele komplexe Systeme - biologische, physikalische, chemische, ökonomische usw., die vom Prinzip her durchaus der wissenschaftlichen Analyse durch die jeweiligen einzelwissenschaftlichen Disziplinen zugänglich sind.
Der Systemanalytiker hat es mit einer qualitativ anderen Problemstellung zu tun. Hervorgerufen durch die mit der wissenschaftlich-technischen Revolution einhergehenden quantitativen und qualitativen Veränderungen in allen Bereichen der menschlichen Tätigkeit ergibt sich eine neue Dimension der Fragestellung. Es wird eine Systemkonzeption notwendig, die ihrem Wesen nach völlig unterschiedliche Faktoren - natürliche, technische, ökonomische, soziale,

kulturelle, politische usw., die miteinander wechselwirken - so zu quantifizieren vermag, daß ihre gegenseitige Abhängigkeit einer formalisierten Beschreibung zugänglich wird. Es sind dies Systeme, deren Untersuchung ein vielseitiges methodologisches Instrumentarium erfordert und die das Zusammenwirken der unterschiedlichsten Wissenschaftsdisziplinen unabdingbar machen.

Es ist charakteristisch für die Systemanalyse, daß sie kein festgelegtes "ein für alle Male" gegebenes "Standardinstrumentarium" benutzt. Die anzuwendenden Methoden und Instrumente hängen vom Untersuchungsgegenstand selbst ab, dabei insbesondere auch vom Grad der Erfaßbarkeit der zu untersuchenden Faktoren und ihrem Zusammenwirken sowie vom erreichten Niveau der Problemformulierung. Systemanalytische Untersuchungen müssen deshalb auch nicht zwangsläufig und ausschließlich in mathematischen Modellen ihren Ausdruck finden, sondern Szenarien und verbale Beschreibungen sind oftmals als ergänzende Instrumente oder auch als zweckmäßigere Mittel heranzuziehen.

Aus diesem Grunde ist es auch notwendig, den spezifischen Beitrag, den die verschiedenen, teilweise gut entwickelten mathematischen und kybernetischen Theorien und Techniken für die Systemanalyse liefern können, deutlich zu bestimmen. Damit wird zugleich der Gefahr begegnet, daß die Systemanalyse zu einem bloßen Etikett gemacht wird, das jedem Modell mit praktischer Zielstellung aufzukleben ist. Systemanalyse ist mehr als beispielsweise nur die Anwendung mathematischer Methoden in der Ökonomie, die Modellierung eines Wassergüteproblems oder auch eines städtischen Fernwärmeversorgungsproblems.

Systemanalyse setzt primär das Erkennen sinnvoller Untersuchungsobjekte und die geeignete Formulierung der Problemsituation bzw. entsprechender Zielstellungen für die Forschungsarbeit voraus; die Wahl des wissenschaftlichen Instrumentariums, die Auswahl und Anwendung der für den jeweiligen Gegenstand geeigneten mathematischen, kybernetischen usw. Mittel und Methoden ist eine davon abgeleitete Aufgabe.

Zwangsläufig sind Systemkonzepte im gewissen Sinne unscharf; sie sind nur eine relativ genaue Abbildung der Wirklichkeit. Unschärfen entstehen durch mangelnde oder ungenaue Daten, durch Annahmen und Hypothesen, die dem Systemkonzept zugrunde gelegt werden, weiter machen sich Beschränkungen auf die wesentlichen Faktoren notwendig, wobei mangelnde oder ungenaue Kenntnisse über das "Wesentliche" oder "Unwesentliche" bei der Eingrenzung eines Systems vorliegen können u.a.m.

Sich dieser zwangsläufigen Grenzen der Systemanalyse bewußt zu sein und ihnen Rechnung zu tragen, ist ein Erfordernis, dem sich der Systemanalytiker zu stellen hat. Es zwingt ihn, das systemanalytische Instrumentarium zu vervollkommnen, es verantwortungsbewußter anzuwenden und Verfahren zu entwickeln, die dem Auftreten der Unschärfe angepaßt werden können. Im Prozeß der praktischen Analysearbeit werden sich die Erfahrungen und Kenntnisse vertiefen, die es gestatten, eine größere Sicherheit bei der Einschätzung der für das System wesentlichen und unwesentlichen Faktoren zu gewinnen.

Wissenschaftlich sinnvoll und produktiv ist ein Vergleich der Aussagen systemanalytischer Untersuchungen mit verbalen Modellvorstellungen. Es scheint, daß gerade die Möglichkeit eines solchen Vergleichs verbaler, auf einer theoretisch-inhaltlichen Analyse beruhender Modellvorstellungen mit den Ergebnissen quantitativer Modellrechnungen und der Dialog zwischen beiden den Wert systemanalytischer Untersuchungen mitbestimmen.

Es ist ein weiteres Kennzeichen der Systemanalyse, daß sie sich zum Ziel setzt, für die staats- und wirtschaftsleitenden Organe Entscheidungshilfen zu schaffen und so die Entscheidungsfindung zu unterstützen. Die Systemanalyse zielt im allgemeinen auf die Erarbeitung von Varianten für Entwicklungs- und Verhaltensstrategien; für mittel- und längerfristige Zeithorizonte.

Das schon erwähnte Internationale Institut für Angewandte Systemanalyse in Laxenburg hat in seiner Forschungsarbeit ein breites Spektrum systemanalytischer Problemstellungen aufgegriffen. Aus seinem Charakter als internationales Institut ergab sich die Notwendigkeit, sich solchen Fragestellungen zuzuwenden, die alle beteiligten Länder interessieren oder zumindest für einen großen Teil von Nutzen sind. Deshalb hat das IIASA es sich zur Aufgabe gemacht, globale und universelle Probleme zu untersuchen. Unter globalen Problemen werden solche verstanden, die die Menschheit als Ganzes berühren, die, wie L.I. Breshnew auf dem XXV. Parteitag der KPdSU ausführte, "... einen immer stärkeren Einfluß auf das Leben jedes Volkes, auf das ganze System der internationalen Beziehungen ausüben". Dazu gehören beispielsweise das Energieproblem, Ernährung und Landwirtschaft, globales Klima, Verkehrsprobleme u.a.

Als universelle Probleme werden solche angesehen, die regional begrenzt, jedoch potentiell für alle Länder und Regionen von Interesse und Belang sind.
Entsprechend der Kapazität des IIASA, an dem etwa 80 Wissenschaftler ständig beschäftigt sind, werden gegenwärtig im Rahmen von zeitlich begrenzten Forschungsprogrammen folgende globale Probleme bearbeitet:

- Energiesysteme
  mit den Schwerpunktaufgaben
  - Strategien zur vergleichenden Bewertung und Anpassung nationaler Energiemodelle,
  - Bewertung der Rohstofflagerstätten,
  - Probleme im Hinblick auf ihre geographische Verteilung,
  - alternative Förder- und Verwertungstechnologien,
  - Anwendbarkeit neuer Energiequellen (Solarenergie, Biogas, Wind ...)

- Ernährung und Landwirtschaft
  mit den Schwerpunktaufgaben
  - Bewässerung,
  - agroindustrieller Komplex,
  - nationale Pilotmodelle,
  - Nahrungsmittelbedarf zur Erarbeitung einer Einschätzung der Welternährungslage und einer möglichen Einflußnahme darauf.

Als universelle Probleme werden daneben im Rahmen von Forschungsgebieten bearbeitet:

1. Ressourcen und Umwelt -
   dabei insbesondere Leitung der regionalen Wasserbewirtschaftung,
   Umweltprobleme der Landwirtschaft,
   Wechselwirkung zwischen Klima und Gesellschaft.

2. Menschliche Siedlungen und Dienstleistungen -
   dabei vor allem Probleme der Urbanisierung und Migration,
   Gesundheitsvorsorgemodellierung,
   Bevölkerungsentwicklung.

3. Leitung und Technologie -
   insbesondere Leitung technologischer Innovationsprozesse und Technologie-Folgen-Bewertung,
   Einfluß der Rechentechnik, der Organisationstheorie und anderer Gebiete auf die Leitung von Betrieben.

4. Systeme und Entscheidungswissenschaften -
   mit methodologischen Problemen, die der Bearbeitung der einzelnen Projekte dienen bzw. Verallgemeinerungen der Erfahrungen und Ergebnisse der einzelnen Forschungsaufgaben darstellen, mit Optimierungsproblemen im weitesten Sinne, sowie mit ökonometrischer Modellierung.

Das IIASA versteht sich darüber hinaus als eine Institution, die die Kooperation zwischen systemanalytisch arbeitenden Gruppen und Institutionen herzustellen sucht. Auf seine Initiative werden Symposien durchgeführt, auf denen Resultate systemanalytischer Untersuchungen aus den verschiedensten Ländern vorgestellt und erörtert werden. Solche Expertenberatungen haben sich als sehr nützlich erwiesen.

Auch die nunmehr sechsjährige Tätigkeit des IIASA hat gezeigt, - und das IIASA selbst läßt daran keinen Zweifel - daß gegenwärtig mehr Probleme als Lösungen bei der Bewältigung der Systemanalyse existieren.

Es ist ein Kardinalproblem systemanalytischer Untersuchungen, daß ihre Ergebnisse nicht von dem angewendeten formalen Instrumentarium als solchem bestimmt werden, sondern von den Hypothesen und Prämissen, die der Analyse zugrunde gelegt werden. Diese Hypothesen und Prämissen sind theoretisch/inhaltlicher Natur, und sie reflektieren diese oder jene philosophisch/weltanschauliche Konzeption. Hypothesen, die auf fehlerhaften Konzeptionen von der Gesellschaft und ihren Entwicklungsgesetzen fußen, müssen zwangsläufig zu Ergebnissen führen, die die Wirklichkeit nicht adäquat, sondern verzerrt und falsch widerspiegeln.

Der wissenschaftlichen Theorie von der gesellschaftlichen Entwicklung kommt somit eine besondere Rolle zu. Sie hat die theoretischen Grundlagen und Prämissen und damit gewissermaßen das Fundament für die Anwendung der Systemanalyse zu liefern.

Der historische Materialismus als Wissenschaft von den allgemeinen Entwicklungsgesetzen der Gesellschaft gibt uns dasjenige theoretische und methodologische Instrumentarium, das allein in der Lage ist, die Versuche der Modellierung gesellschaftlicher Prozesse zu praktisch relevanten Resultaten zu führen. Die Rolle der Theorie und ihre heuristische Funktion wächst im besonderen Maße, wenn von empirischen Daten aus zu Verallgemeinerungen auf einer immer höheren Ebene übergegangen wird.

Von einer solchen Grundposition aus kann die Systemanalyse zu einem Instrument werden, das tiefere Einsichten in die konkreten Wirkungsmechanismen der gesellschaftlichen Entwicklungsgesetze vermittelt, mögliche Alternativen der gesellschaftlichen Entwicklung erhellt und damit Entscheidungshilfen für die Leitungs- und Planungstätigkeit zu geben vermag.

# METHODOLOGISCHE ASPEKTE DER MATHEM.-KYBERNETISCHEN SYSTEMANALYSE - HIERARCHISCHE STRUKTUREN

K.Reinisch;
Technische Hochschule Ilmenau

R.Straubel, A.Sydow;
Zentralinstitut für Kybernetik und Informationsprozesse der AdW der DDR

## 1. Gegenstand und Aufgaben der math.-kybernetischen Systemanalyse

Im zunehmenden Maße stellt sich für die mathematisch-kybernetische Forschung die Aufgabe, zur Rationalisierung und Optimierung von Organisations- und Leitungsprozessen beizutragen. Die mathematisch-kybernetische Systemanalyse ist eine wichtige Voraussetzung hierfür.
Sie kann durch folgende Merkmale charakterisiert werden:

a) Sie ist auf die Entwicklung von math.-kybernetischen Modellen komplexer nichttechnischer Systeme gerichtet.
b) Sie dient der Rationalisierung, Verhaltensvorhersage, Optimierung, Steuerung oder Entscheidungsfindung.

Damit ist sie Teil einer komplexen Analyse von Systemen [1] [2] [3].

Hieraus folgt die Forderung nach der Notwendigkeit einer interdisziplinären Erarbeitung der Modelle und einer Zusammenarbeit mit Entscheidungsträgern für die analysierten Prozesse.

In Abgrenzung bzw. Weiterentwicklung der Aufgaben der technischen Kybernetik kann festgestellt werden, daß sich die Systemanalyse mit der Untersuchung vorwiegend sozialer, ökonomischer und ökologischer Systeme befaßt, und von längeren Zeithorizonten ausgegangen wird.

Das Internationale Institut für angewandte Systemanalyse (IIASA) in Laxenburg (Österreich) leistet für die Entwicklung von Methoden der Systemanalyse und vor allem für deren Anwendung Pionierarbeit. Wesentliche Beiträge zur Förderung von systemanalytischen Methoden werden von Forschungsrichtungen der Kybernetik, Rechentechnik und der Ökonomie geleistet, insbesondere sollen hier das Internationale Institut für Probleme der Leitungswissenschaften in Moskau genannt werden sowie das Institut für Probleme der Steuerung in Moskau, das Institut für Systemforschung in Warschau, das Institut für Information und Automatisierung in Paris, die Rechenzentren der AdW der UdSSR in Moskau und Nowosibirsk u.a.

## 2. Methoden der Systemanalyse

Als Methodologie der Systemanalyse soll die Gesamtheit der Strategien zur Modellbildung verstanden werden. Es ist klar, daß die genutzten Methoden vom analysierten Objekt abhängig sind und andererseits auch subjektive Züge der jeweiligen Systemanalytiker tragen. So können z.B. zur Beschreibung ein und desselben Objektes die problemorientierten Programmsprachen ECAP, CSMP oder DYNAMO verwendet werden, obwohl jede der hier genannten Programmsprachen auf spezielle Objekte besonders zugeschnitten ist (elektrische Netzwerke, Automatisierungsschaltungen, ökonomische Systeme).

Bei der Auswahl von Strukturvorstellungen zur Modellbeschreibung gibt es deshalb zwei grundsätzlich verschiedene Arten des Herangehens:

- die der Objektwissenschaften (Ökonomie, Biologie etc.) und
- die der Mathematik/Kybernetik.

Mit der ersten Methode (top-down-Technik) versucht man aus den in den Objektwissenschaften bereits bekannten Gesetzmäßigkeiten mit Grundmodellen für Subsysteme zur Beschreibung eines komplizierten großen Systems vorzudringen. Bei der zweiten Methode (botum-up-Technik) wird das Gesamtsystem von vornherein durch eine grobe Beschreibung nur der wichtigsten Steuer-, Zustands- und Ausgangsgrößen beschrieben. Die Erfahrungen der wichtigsten Systemanalyseprojekte besagen, daß im allgemeinen eine effektive Systemanalyse nur durch Kombination beider Methoden möglich ist.

Wichtige theoretische Hilfsmittel für die Modellbildung wurden und werden bereitgestellt durch die

- Systemidentifikation /4/
  mit der Modellstrukturbestimmung, dem Entwurf von Input-Signalen, der closed-loop-Identifikation, der on-line-Parameterschätzung und der robusten Schätzung

- Angewandte Mathematik /5/ /6/ /7/
  durch die Optimierung in großen Parameterräumen und die Vektoroptimierung, die qualitative Theorie nichtlinearer Differentialgleichungen (Strukturstabilität, Katastrophentheorie), die Spieltheorie

- Systemtheorie / Automatentheorie /8/
  insbesondere mit dem Konzept der Mehrebenensteuerung (Hierarchische Systeme).

Das effektivste Hilfsmittel beim Prozeß der Modellbildung bildet im allgemeinen der im interaktiven Betrieb genutzte Computer. Bild 1 zeigt wichtige Etappen der Modellbildung und -nutzung und ihre Verflechtung zumeist als iterativer Prozeß, in dem die einzelnen Etappen selbst zur Verbesserung des Modells genutzt werden. Die wichtigsten Etappen sind die

- Festlegung von Zielvorstellungen für die Modellentwicklung und -nutzung.
  Hierzu gehört die Festlegung der für die Analyse wichtigen Größen des Objekts und des Zweckes der Modellentwicklung.

- Sammlung von Daten
  Grundlage für jede Strukturbestimmung ist die Sammlung von a-priori-Wissen über das Objekt sowie Daten für verschiedene Verhalten des Objektes.

- Konstruktion mathematischer Modelle/Strukturen
  Entsprechend den vorgenannten Schritten müssen Fest-legungen zur Struktur getroffen werden. Hierbei wird zumeist bereits das mögliche qualitative Verhalten des Objektes berücksichtigt bzw. festgelegt.

- Übertragung in Computerprogramme
  Oftmals werden spezielle problemorientierte Programmiersprachen entwickelt, die ohne Kenntnisse des mathematischen Modells eine direkte Programmnotierung aus der Aufgabenstellung gestatten. Beispiele hierfür sind die Simulationssprachen CSMP für kontinuierliche Systeme, DYNAMO für ökonomische Systeme und ECAP für elektrotechnische Schaltungen für IBM 36o, [9].

- Modellüberprüfung und -anpassung
  Prüfung der Modelle für vorgegebene Inputs und Anpassung der Parameter an vorgegebene Outputs sind wichtige und oftmals zeitkonsumierende Schritte.

- Sensitivitätstest
  Hierbei werden bereits qualitative Verhalten getestet, d.h. Auswirkungen von Parameteränderungen (und Stör- und Steuergrößenänderungen) auf das Lösungsverhalten (Stabilität, Optimalität).

- Szenario-Analyse, Optimierung
  In dieser Phase der Modellnutzung wird durch Variantenvergleich in direkter Kommunikation zwischen Rechner und Systemanalytiker das Modell für den Erkenntnisgewinn (über den Rahmen des Bekannten hinaus) genutzt.

## 3. Neuere Ergebnisse der methodologischen Forschung

Es gibt in letzter Zeit eine Reihe qualitativer Fortschritte, die von großem Interesse für die Beschreibung nichtlinearer Systeme, die Steuerung hierarchisch-strukturierter Systeme und die Optimierung bei polioptimalen Zielstellungen sein können.

- Katastrophentheorie
  Die Anwendung der qualitativen Theorie nichtlinearer Differentialgleichungen führte zu einer Klassifikation singulärer Lösungen mit Instabilitäten, Hystereseverhalten usw. [7]. Solche Verhalten werden im Hinblick auf die möglichen Auswirkungen bei den Originalsystemen als Katastrophen bezeichnet.
  Im folgenden Beispiel wird ein durch Hystereseeigenschaften erzeugter Katastrophenzustand betrachtet [10] [11] (siehe Bild 2).
  Solche Katastropheneffekte werden bei nichtlinearen Herz-Kreislaufsystemen, Nervensystemen, Phasenänderungen Wasser-Gas u. in der strukturellen Mechanik untersucht.

- Vektoroptimierung
  Oftmals besteht die Aufgabe, ein System so zu steuern, daß mehrere Gütekriterien erfüllt werden. Die Vektoroptimierung-oder auch Polioptimierung genannt- liefert hierzu wichtige Beiträge [12] [13] , indem sie sogen. effiziente Lösungsmengen (Kompromißmengen) berechnet. Vom Entscheidungsträger wird dann innerhalb der Kompromißmenge die günstige (polioptimale) Lösung gewählt (s. z.B. Bild 3). Die Berechnung der Kompromißmenge erleichtert wesentlich die Entscheidung und sollte in die Szenario-Technik als Entscheidungshilfe, die vom Computer gegeben wird, einbezogen sein.

- verallgemeinerte lineare Systeme
  Die leichte Realisierbarkeit linearer Systeme beruht im wesentlichen auf der Gültigkeit des Superpositionsprinzips bezüglich der Addition.Zur Verallgemeinerung der Theorien linearer Systeme lag es deshalb nahe, Systemklassen zu charakterisieren, die einem Superpositionsprinzip bezüglich allgemeiner assoziativer und kommuta-

tiver Operationen $\circ$ und $\nabla$ , die von der Assoziation verschieden sind, genügen.

Diese Systeme konnten als $(\circ,\nabla)$- lineare Automaten für den zeitkontinuierlichen Fall charakterisiert werden. Anstelle der Grundfunktionen c.x, die Lösung der Gleichung $h(x+y) = h(x)+h(y)$ sind, treten Funktionen , die der Gleichung $h(x\circ y) = h(x)\nabla h(y)$ genügen [14] [15].

## 4. Hierarchisches Konzept in der Systemanalyse

Mit zunehmender Komplexität der zu analysierenden Systeme (d.h. mit zunehmender Zahl von Variablen zur Beschreibung eines Systems) gestaltet sich deren Behandlung immer unübersichtlicher. Auch die unmittelbare serielle rechentechnische Behandlung führt sehr schnell zu undiskutabel langen Rechenzeiten.

Zur Überwindung solcher Schwierigkeiten bei der Analyse und Steuerung dieser sog. "großen" Systeme (engl. large-scale systems) erscheinen seit einigen Jahren in zunehmender Zahl Untersuchungen, die sich hierbei mit der Möglichkeit der Aufteilung (Dekomposition) /16/ in weitgehend autonome Subprobleme befassen. Jedes Subproblem ist dann - weil die Variablenzahl geringer ist - besser überschaubar. Eventuell können mehrere Subprobleme auch gleichzeitig mehr oder weniger unabhängig voneinander durch getrennte Bearbeiter (Menschen oder Maschinen) behandelt werden.

Ein solches Vorgehen entspricht der menschlichen Natur und wird seit jeher bewußt oder unbewußt realisiert. Alle gesellschaftlichen Arbeitsteilungen - beispielsweise die Spezialisierungen handwerklicher Fertigkeiten - beruhen auf diesem Konzept, wobei sich als Schnittstelle dieses Produktionssystems für den dann notwendigen Warenaustausch der Markt herausbildete. Ein solches - hier zunächst dezentral gesteuertes dekomponiertes Systemkann nur dann zeitweise stabil arbeiten, wenn Angebot und Nachfrage übereinstimmt. Auf Störungen reagiert das System allerdings erst nach der Entstehung von - hier materiellen oder zeitlichen - Verlusten durch erneute Anpassung des Angebots an die Nachfrage. Die Verluste sind vermeidbar, wenn einige besonders geeignete Variable aller Teilsysteme (etwa die Produktpreise, die Steuerabgaben) entsprechend einer oder mehrerer das Gesamtsystem charakterisierenden Zielfunktionen koordiniert werden.

Derartige hierarchisch untersetze Problemstellungen, Strategien des Vorgehens, Anschauungsarten etc. durchdringen die Analyse und Steuerung großer Systeme u.a. in folgenden Aspekten /8/:

- Hierarchische Untersetzung von Ebenen im Abstraktionsprozeß (Indem die Elemente eines Systems wiederum in Subelemente aufgeteilt werden, können unterschiedliche Grade der Abstraktion - beispielsweise innerhalb des Modells eines großen Systems - je nach Bedarf berücksichtigt werden.)
- Hierarchische Untersetzung von funktionellen Schichten (Jeder Problemlösungsprozeß - beispielsweise die Realisierung des Modells eines großen Systems (Bild 1) kann übersichtlicher und rationeller durchgeführt werden, wenn es gelingt, den Prozeß in Teilaufgaben zu zerlegen, die dann ihrerseits evt. gleichzeitig nebeneinander unter Berücksichtigung von Koordinierungsvorgaben zu realisieren sind.)

Unter die funktionell hierarchisch untersetzten Problemlösungsklassen fallen die hierarchischen Steuerungen, die für optimale Steuerungen bis heute theoretisch am besten ausgearbeitet sind. Ein solches Steuersystem ist wiederum mittels mehrerer Teilsteuerungsebenen untersetzt. Durch Vorgaben seitens der "höheren" Ebenen an "untergeordnete" Ebenen wird der ursprüngliche "Handlungsspielraum" der unteren Ebenen bezüglich ihrer selbständigen Optimierung eingeengt und dadurch koordiniert. Damit die gemachten Vorgaben zum Optimum des Gesamtsystems führen, müssen von den unteren Ebenen zweckmäßige Informationen über ihre unter den gemachten Vorgaben eingenommenen Zustände oder über ihre

Wahl der von ihnen festzulegenden Steuerparameter an die höheren Ebenen rückgemeldet werden, wo diese zur weiteren Entscheidungsfindung dienen. So entsteht ein Iterationsprozeß bis das Optimum des gesamten Steuersystems erreicht wird. Erst dann werden die dem allgemeinen Optimum entsprechenden Steuerparameter durch die unteren Ebenen direkt auf den zu steuernden Prozeß gegeben.

Hierarchische Optimalsteuerungsverfahren eignen sich zur gleichzeitigen Steuerung räumlich verteilter Teilprozesse (örtliche Dekomposition), wobei sich hier gegenüber einer Zentralsteuerung ein zusätzlicher Vorteil in der Einsparung von Informationsübertragungskanälen durch die Beschränkung auf "aussagekräftige" Koordinierungsvorgaben und Rückmeldungen ergibt.

Hierarchische Optimalsteuerungsverfahren für die Steuerung zeitlich dekomponierbarer Teilprozesse spielen vor allen Dingen bei Planungsaufgaben eine Rolle.

Für die sinnvolle Anwendung aller hierarchischen Optimalsteuerungsverfahren fehlen aber bis heute allgemeingültige Kriterien darüber, ob der Zeitgewinn bei der gleichzeitigen rechnerischen Behandlung der Teilprobleme mit niedriger Dimensionszahl tatsächlich nicht durch die meist große Zahl der sich ergebenden Iterationsschritte aufgehoben wird. So muß dieser Tatbestand im konkreten Einzelfall jedesmal vorher eingeschätzt werden.

Am Beispiel einer hierarchischen Zweiebenen-Optimal-Steuerung eines speziellen statischen Systems mit konzentrierten Parametern soll das sog. direkte Verfahren (auch primale oder parametrische Mehrebenen- Optimierung oder Modellkoordinierung genannt) demonstriert werden /8,17/. Das zu steuernde System bestehe aus n Subsystemen (i=1,2,...,n), wobei das i. Subsystem durch den Eingangsvektor $x_i$, den Ausgangsvektor $y_i$, den Steuervektor $c_i$ und die Übertragungsfunktion $G_i(x_i,c_i,y_i)=o$ mit den Nebenbedingungen $U_i(x_i,c_i,y_i) \leq 0$ charakterisiert wird. Die Wechselbeziehungen zwischen allen Teilsystemen seien durch x= Hy gegeben (siehe Bild 4). Die zu minimierende globale oder primale Zielfunktion Q sei die Summe der lokalen Zielfunktionen $Q_i$, d.h. global wird gesucht

$$\underset{(x,c,y)}{\text{Min}}\ Q(x,c,y) = \underset{(x,c,y)}{\text{Min}} \sum^{n} Q_i(x_i,c_i,y_i)$$

unter den Nebenbedingungen $G(x,c,y) = 0$; $U(x,c,y) \leq 0$ und $x = Hy$. Als direkte Dekomposition bietet sich hier natürlicherweise an:

$$\underset{(x,c,y)}{\text{Min}}\ Q\,(x,c,y) = \underset{(y)}{\text{Min}} \sum_{i}^{n} \underset{(c_i)}{\text{Min}}\ Q_i\Big(\sum_{j}^{n} H_{ij}y_j,c_i,y_i\Big)$$

jeweils mit den Nebenbedingungen

$$G_i\Big(\sum_{j}^{n} H_{ij}y_j,c_i,y_i\Big) = 0 \ ;\ U_i\Big(\sum_{j}^{n} H_{ij}y_j,\ c_i,y_i\Big) \leq 0 \ .$$

Nach Vorgabe eines vorläufigen Vektors $y^{(1)}$ seitens der oberen Ebene (siehe Bild 5) an die untere Ebene können die n lokalen Optimierungen

$$\text{Min}\ Q_i\Big(\sum_{j}^{n} H_{ij}y_j^{(1)},\ c_i,\ y_i^{(1)}\Big) = \hat{Q}_i(y^{(1)})$$

mit den Nebenbedingungen für das i. Teilsystem gleichzeitig erfolgen. Als Rückmeldungen an die obere Ebene dienen die Werte $\hat{Q}_i(y^{(1)})$, worauf die obere Ebene den nächsten Koordinierungsvektor $y^{(2)}$ aus der Aufgabe

$$\underset{(y)}{\text{Min}} \sum_{i}^{n} \hat{Q}_i(y)$$

beispielsweise mittels eines Gradientensuchverfahrens ermittelt und erneut an die Steuerungen der Teilsysteme meldet. Die Zahl der sich dabei ergebenden Iterationschritte hängt wesentlich davon ab, wieweit der erste Koordinierungsvektor $Y^{(1)}$ von dem Vektor $y^{(k)} = \hat{y}$ entfernt ist, der dem Optimum des Gesamtsystems entspricht.

Eine ähnliche Koordinierungsmethode ist das sog. Preisverfahren (auch Ziel- oder Bildkoordinierung genannt)./8,17 -23/ Hier wird statt der globalen Zielfunktion deren Lagrange-Funktion verwendet, in die alle Nebenbedingungen (Gleichungen und Ungleichungen) eingehen. Als Koordinierungsvariable dienen dann diejenigen Lagrangeschen und Kuhn- Tuckerschen

Multiplikatoren, mit denen die Bedingungen der Wechselwirkung zwischen den Teilsystemen berücksichtigt werden. (Aus ökonomischer Sicht können die Multiplikatoren als Preise gedeutet werden; daher rührt der Name der Koordinierungsmethode). Mit den Vorgaben optimieren die Teilsysteme auf der unteren Ebene gleichzeitig ihre lokalen Zielfunktionen. Im Gegensatz zur direkten Methode erfolgt das aber jetzt bezüglich des Eingangs-, des Steuer- und des Ausgangsvektors, da hier ja nicht direkt der Ausgangsvektor (und damit bei dem direkten Verfahren auch der Eingangsvektor) vorgegeben ist, sondern nur die "Preise" für Ein- und Ausgang jedes Teilsystems.

Der Iterationsprozess zwischen oberer und unterer Ebene ist beendet, wenn "Angebot" und "Nachfrage" bezüglich der Wechselwirkungen zwischen den Teilsystemen übereinstimmt. Mit den dann ermittelten Steuervektoren wird erst der eigentlich zu steuernde Prozeß beeinflußt.

Die Preismethode eignet sich auch für die hierarchische Steuerung zeitlich diskretisierbarer dynamischer Prozesse. Hierfür wurde in /22 / eine Drei- Ebenen-Koordinierung (siehe Bild 6) vorgeschlagen: Auf der oberen Ebene werden wiederum iterativ die dem Optimum des Gesamtsystems entsprechenden Lagrangeschen bzw. Kuhn-Tuckerschen Multiplikatoren gesucht, die der zweiten Ebene als Koordinierungsvariable dienen. Die zweite Ebene koordiniert die Übergänge <u>zwischen</u> den zeitlichen Intervallen für jedes Subsystem, während auf der unteren Ebene <u>innerhalb</u> jedes Zeitintervalls die eigentliche statische Optimierung der dekomponierten Teilprozesse erfolgt.

Echte dynamische Prozesse können "off-line"-mäßig (beispielsweise für die Projektierung geplanter Produktionsprozesse) ebenfalls mit der Preismethode behandelt werden. Da hierbei aber die Nebenbedingungen und damit auch die Koordninierungsvariablen Funktionen der Zeit sind, ist vom numerischen Standpunkt gesehen für jeden Modellzeitpunkt die iterative Ermittlung der optimalen Steuerung

außerordentlich rechenzeit- intensiv.
Für eine echte "on-line" Steuerung kommen deshalb nur modifizierte Koordinierungsmethoden in Frage. So wird beispielsweise nach /23 / der Optimierungshorizont für die verschiedenen Ebenen unterschiedlich gewählt: Die obere Koordinierungsebene bestimmt - beispielsweise bei langfristigen Planungsaufgaben - aufgrund von Annahmen über die durchschnittlichen statistischen Störungen innerhalb des Planungszeitraumes "off- line"- mäßig den optimalen Verlauf des zu steuernden Prozesses in Form einer "Magistralen". Auf der unteren Ebene wird danach innerhalb kürzerer zeitlicher Horizonte anhand periodisch wiederkehrender Rückmeldungen über die zu steuernden Teilprozesse (die unter dem Einfluß der tatsächlichen Störungen stehen) "on-line"-mäßig die Teilprozesse der "Magistralen" nachgesteuert. (siehe Bild 7).
Solche Steuerungen können im konkreten Einzelfall natürlich nur suboptimal arbeiten. Adaptive bzw. lernende hierarchische Steuerungen könnten hier einen Ausweg darstellen /24,25 /. Auch spieltheoretische Ansätze zu einer solchen Steuerung wurden untersucht /26/. Weitere Modifikationen der direkten Koordinierung bzw. der Preismethode sind für verschiedene Spezialfälle ausgearbeitet worden, so für die Steuerung von Systemen mit verteilten Parametern /27/, von Systemen mit relativ starker Wechselwirkung ihrer Teilsysteme bzw. entscheidenden Nichtlinearitäten /28/ etc.

Eine wesentliche Verringerung der Rechenzeit ist bei einer hierarchischen Steuerung dann erzielbar, wenn bei bestimmten Bedingungen /29/, die die globale Zielfunktion des Gesamtsystems erfüllen muß, auf den oberen Ebenen der Hierarchie ohne Kenntnis der Teilzielfunktionen nur koordiniert zu werden braucht, also lediglich "Angebot" und Nachfrage" der Teilsysteme aufeinander abgestimmt werden muß.

Das hierarchische Mehrebenen-Konzept wird bei der Behandlung der verschiedensten Probleme angewandt, so u.a. bei der Straßenverkehrssteuerung durch Verkehrsampeln /3o/, der Steuerung von verteilten Wasserresourcen /31,32/ wie Talsperren und dergl., der Steuerung von Verunreinigungen in Flußläufen /33/, der Steuerung von Elektrizitätsverbundnetzen /34/ und der Untersetzung von globalen Weltmodellen /35/.

So wurde beispielsweise von Thümmler und Reinisch /36/ die Aufgabe der Steuerung des Füllstandes einer Talsperre mittels einer Zweiebenenoptimierung analog Bild 7 behandelt. Das Ziel bestand darin, die monatlichen Wasserabgaben so zu bestimmen, daß der Bedarf möglichst gedeckt, aber ein Überlaufen bzw. Leerlaufen der Talsperre vermieden wird (Quadratisches Zielkriterium). Bekannt waren der Bedarf und die erwarteten Zuflüsse für die verschiedenen Monate sowie die tatsächlichen Zuflüsse in den zurückliegenden Monaten. Durch zeitliche Zerlegung in 12 Zeitintervalle von der Dauer je eines Monats (mit der Bedingung, daß nach 12 Monaten der Ausgangszustand wieder angenommen wird) konnte für die erwarteten Zuflüsse eine monatsabhängige günstige Steuerung der Wasserabgabe der Talsperre gefunden werden. Die Abweichungen der Zustände der Talsperre aufgrund der von den Erwartungswerten abweichenden tatsächlichen Zuflüsse wurden dabei durch Optimierung mit wesentlich verkürztem Zeithorizont beseitigt, so daß im Ergebnis eine vom jeweiligen Monat und dem tatsächlichen Füllstand abhängige Wassergabe berechnet werden kann.

Von den gleichen Autoren /36/ erfolgte die Behandlung der Steuerung der Wassergüte in einem Fluß. Dazu wird der Fluß in Teilabschnitte zerlegt, in die steuerbare ($u^i$) und nichtsteuerbare ($z^i$) Abwässer zufließen (Bild 8). Der Zustand jedes Teilsystems kann durch den biochemischen Sauerstoffbedarf $X_1^i$ und den gelösten Sauerstoffgehalt $X_2^i$ charakterisiert werden, deren erforderliche Übereinstimmung die Zielfunktion in Form eines quadratischen Kriteriums ergibt. Auch hier wird zunächst "off-line"-mäßig mit dem Verfahren analog Bild 6 eine "Magistrale" innerhalb eines globalen Zeithorizontes berechnet, auf die die lokal reduzierten Teilsysteme "on-line"-mäßig mittels eines Verfahrens analog Bild 7 innerhalb verkürzter Zeithorizonte zurückgeführt werden. Vor Ablauf der globalen Optimierungszeit muß die globale Optimierungsaufgabe off-line mit dem zu Beginn dieser Rechnung tatsächlich existierenden Zustand des Gesamtsystems als Ausgangszustand erneut gelöst werden.

Von Straubel und Sydow /37/ wurde eine optimale Zweiebenensteuerung für den Lösungsprozeß von partiellen Differentialgleichungen zur Simulierung von Systemen mit verteilten Parametern angegeben. Ein solcher Lösungsprozeß gestaltet sich bei serieller numerischer Behandlung außerordentlich rechenzeitintensiv. Er eignet sich jedoch für eine Parallelbearbeitung, wenn die partiellen Differentialgleichungen je in ein System von gewöhnlichen Differential- bzw. Differenzengleichungen umgeformt werden. Jede einzelne Gleichung aus einem solchen System beschreibt dann den zeitlichen Verlauf des Prozesses für eine räumlich fixierte Stützstelle. Bei der parallelen Lösungsprozedur des Gleichungssystems erfordert jedoch jede Stützstelle dauernd ein vollständiges Rechenelement in Form eines Mikroprozessors (bei Verwendung eines Mikroprozessorennetzes) bzw. eines Integrators (innerhalb eines Hybridrechners). Da die Zahl solcher Elemente in jedem Fall beschränkt ist, besteht das Problem der Zweiebenensteuerung darin, die Lage der Stützstellen optimal zu wählen. Als Gütekriterien der Steuerung können sehr verschiedene Zielfunktionen in Frage kommen. Während des eigentlichen Lösungsprozesses interessiert eine optimale Approximation der räumlichen Differentialquotienten durch Differenzenquotienten, die mittels eines quadratischen Zielkriteriums berücksichtigt wird. Die Approximation kann kontinuierlich als auch lösungsabhängig iterativ erfolgen.

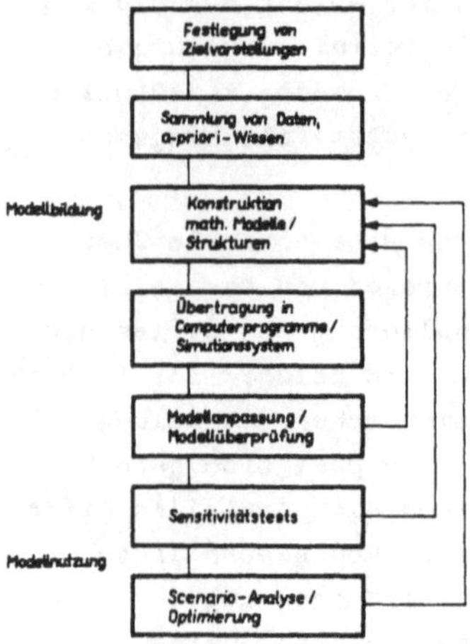


Bild 1
Prozeß der mathematischen Modellbildung und -nutzung

Bild 2
Katastrophenzustand eines Systems mit Hystereseeigenschaften

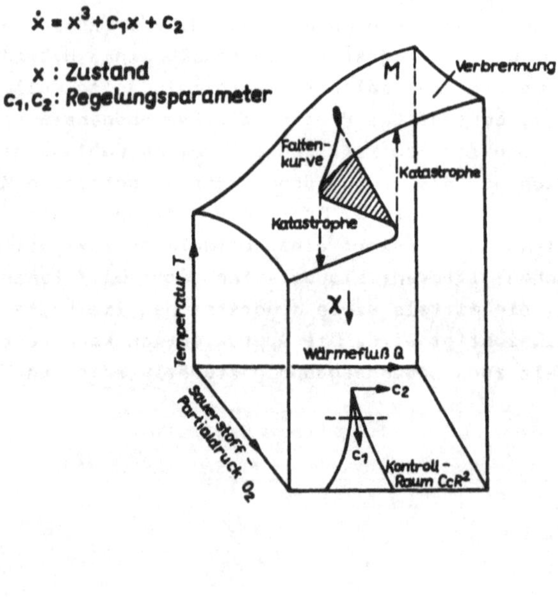

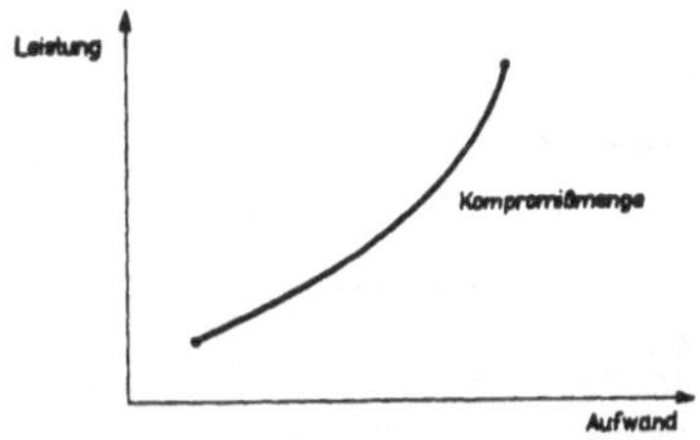


Bild 3
Beispiel für eine zweifache Zielstellung bei der Optimierung

Bild 4
Beispiel eines dekomponierten zu steuernden Systems

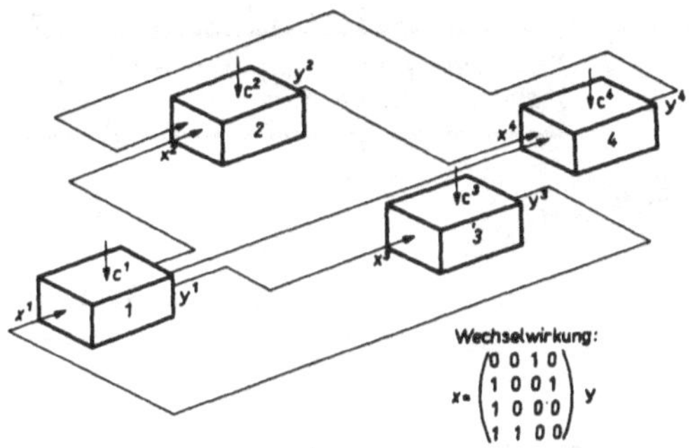


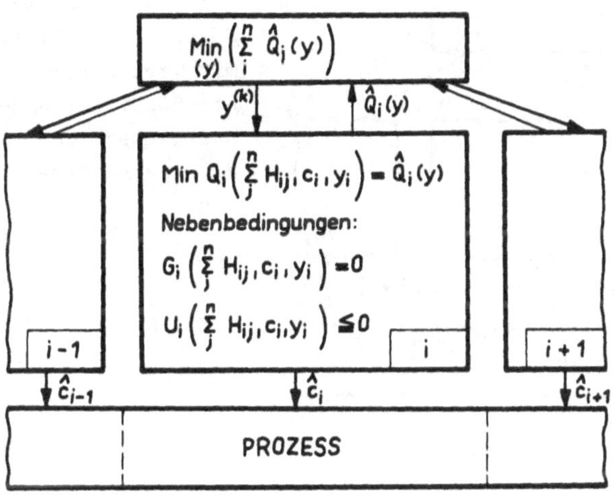


Bild 5
Hierarchisches Systemschema zur Optimalsteuerung eines statischen Prozesses

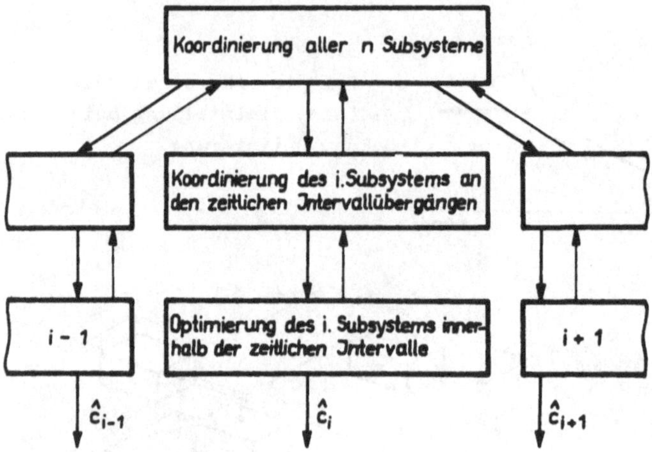


Bild 6 : Drei-Ebenen-Systemschema zur Optimalsteuerung zeitlich diskretisierbarer dynamischer Prozesse

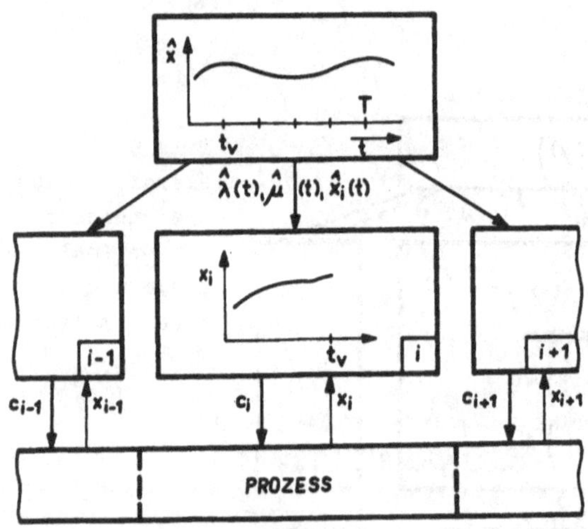


Bild 7
"on-line" - Zwei-Ebenen-Systemschema mit verschiedenen "Optimierungs-horizonten" für dynamische Prozesse

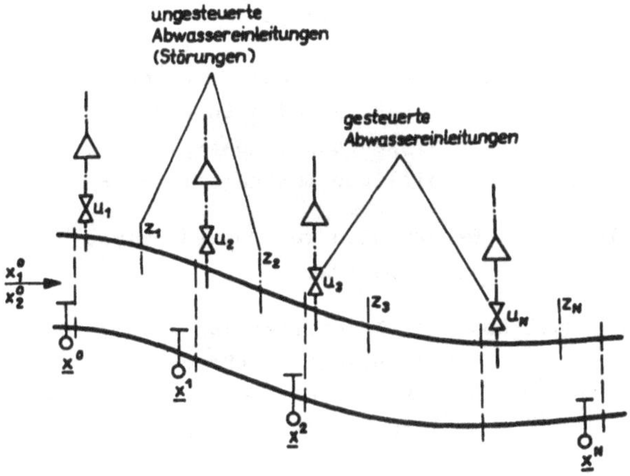


Bild 8 : Zur Wassergütesteuerung in einem Fluß

## Literaturverzeichnis

/1/ Lewin,R.: Zum Begriff der Systemanalyse, Vortrag im IIASA

/2/ Gwishiani, D.M.: Methodologische Probleme der Modellierung der globalen Entwicklung, in Sowjetwissenschaft, Gesellschaftswissenschaftliche Beiträge 1o/1978

/3/ Bichtler,K.: Bemerkungen zur Systemanalyse, s. 1. Beitrag

/4/ Rajbman,N.S.(Editor): Identifikation and System Parameter Estimation (Proceedings of the 4th IFAC Symposium, Tbilisi, USSR 21-27 September 1976, Part 1,2,3

/5/ Bellmann,R.E., S.E.Dreyfus: Applied Dynamic Programming Princeton University Press, Princeton, N.J. 1962

/6/ Dantzig,G.B.: Linear Programming and Extensions, Princeton University Press, Princeton,N.J. 1963

/7/ Thom,R.: Structural Stability and Morphogenesis, W.A.Benjamin, Inc., Reading, Mass.,1975

/8/ Mesarovic,M.D., D.Macko, Y.Takahara: Theory of Hierarchical, Multilevel Systems, Academic Press, New York, 197o

/9/ Gordon,G.: System Simulation, Prentice-Hall, Inc. 1969

/1o/ Mehra,R.K.: Some recent advances in system identification, survey paper at the IFAC-Symposium on Identification and Systems Parameter Estimation 1976, in /4/

/11/ Mehra,R.K.;E.H.Blum: On the Dynamics of the Ignition of Paper and Catstrophe Theory, R.M.-75-42, IIASA, Laxenburg,Austria, July 1975

/12/ Peschel,M.: Polioptimierung. Verlag Technik, Berlin 1977

/13/ Peschel,M.: Modellbildung von Signalen und Systemen, Verlag Technik, Berlin 1978

/14/ Pöschel,R.;M.Gössel: Generalization of the theory of linear automata, Proceedings IFAC-Symposium on Discrete Systems, Dresden (1977)

/15/ Gössel,M.: Zur Verallgemeinerung der Theorie linear zeitdiskreter Systeme. Z. elektr.Inf. u. Energietechnik (Leipzig) 8 (1978),S.517-522

/16/ Himmelblau,D.M.: Decomposition of large-scale problems North-Holland Publ. Comp. Amsterdam 1973

/17/ Wismer,D.A.(ed.): Optimization methods for large-scale problems with applications, McGraw-Hill, New York 1971

/18/ Findeisen,W.: Hierarchische Steuerungssysteme VEB Verlag Technik, Berlin 1977

/19/ Reinisch,K.: Theorie der automatischen Steuerung Kap. 6 in Taschenbuch Elektrotechnik, Bd. 2: Grundlagen der Informationstechnik VEB Verlag Technik, Berlin 1977

/2o/ Reinisch,K.: Hierarchical Control Systems Preprints IFAC-Symposium "Control-Mechanism in Bio- and Ecosystems", Leipzig 1977

/21/ Singh,M.G.;S.Drew;J.F.Coales: Comparison of practical hierarchical control methods for interconnected dynamical systems
Automatica, Vol. 11, pp. 331 - 35o, 1975

/22/ Tamura,H.: Decentralized optimization for distributed-lag models of discrete systems
Automatica, Vol . 11, 593 - 6o2, 1975

/23/ Findeisen,W.: Multilevel structures for control systems
Symposium "New trends in System Analysis"
IRIA, Paris, Dec. 1976

/24/ Гусев, В.Б., и др.: Методы определения оптимального управления в иерархических структурах, препринт, ИПУ, Москва 1974

/25/ Гермейер, Ю.Б., и др.:О некоторых задачах теории иерархических систем управления
Сб. "Проблемы прикладной математики"
Наука, Москва 1971

/26/ Гермейер, Ю.Б.: Игры с непротивоположными интересами
Теория принятих решения при неполном единстве, Изд-во МГУ 1972

/27/ Wismer,D.A.: Distributed Multilevel Systems
in D.A. Wismer (ed.), Optimization methods for large-scale problems with applications,
McGraw-Hill, New York 1971

/28/ Nishikawa,Y; T.Ojika; H.Shimazutsu; M.Okudaira:
J. of Optimization Theory and Applications
Vol. 25, No. 2, pp. 229 - 245, June 1978

/29/ Mesarovic,M.D.: Role of separability of the performance (cost) function in the decomposition of decision problems in /16/

/3o/ Singh,M.G.: Dynamical hierarchical control
North-Holland Publ. Amsterdam 1977

/31/ HaimesY.Y.: Hierarchical Analysis of Water Resources Systems
McGraw-Hill, New York 1977

/32/ Heescher,A.; K.Reinisch; R.Schmitt: On Multilevel Optimization of Nonconvex Static Problems - Application to Water Distribution of a River System
Proc. IFAC - Congress, Boston 1975

/33/ Singh, M.G.: River Pollution Control
Intern. J. of Syst. Science Vol. 6, pp. 9 - 21. 1975

/34/ Happ H.H.: Multi-computer configurations and diecaptics,Proc. Power Ind. Comp. Appl. Conf. Pittburgh, Pennsylvania,1967

/35/ Mesatovic,M.; E.Pestel: Multilevel Computer Model of World Development System
IIASA, May 1974, Vol. A,B,C,D

/36/ Thümmler,H,; K.Reinisch: Unveröffentlichter Forschungsbericht der TH Ilmenau

/37/ Straubel,R.; A.Sydow: Distributed system simulation by multilevel optimal control
Proc. IMACS - Congress, Sorrento 1979

# ANWENDUNGEN DER SYSTEMANALYSE UND MATHEMATISCH-KYBERNETISCHEN MODELLIERUNG IN DER LANDWIRTSCHAFT - PRODUKTION, ÖKONOMIE, ÖKOLOGIE

K. Bellmann; Zentralinstitut für Kybernetik und Informationsprozesse der AdW der DDR - Berlin

W. Ebert; Institut für Pflanzenschutzforschung der AdL - Eberswalde

## 1. Problematik

Da eine wichtige Quelle des landwirtschaftlichen Produktionszuwachses die zunehmend effektivere Nutzung des Bodens ist, wird international der Steigerung der Erzeugung von Biomasse durch die Primärproduzenten in Agroökosystemen große Beachtung geschenkt.

Ein Agroökosystem ist ein Ökosystem, das durch steuernde menschliche Eingriffe im Initialstadium seiner von der natürlichen Umwelt abhängigen, möglichen Sukzession stationär gehalten wird, und zwar zur Erzielung einer möglichst großen Biomasseproduktion (Ertrag) der Primärproduzenten (Pflanzen). Die die Sukzession verhindernden Haupt-Eingriffe sind energieaufwendig und betreffen:
Ernte (ständige totale Abschöpfung der Biomasse der Primärproduzenten), Bodenbearbeitung -vorrangig Pflügen - (ständige Erzeugung von Flächen ohne Pflanzenwuchs oder nur mit dem der Kulturpflanze), Saat (ständige Neubesiedlung des Areals mit wenigen Species) sowie Düngung, Bewässerung und Schädlingsbekämpfung (ständiger steuernder Eingriff in die natürlich ablaufenden Umweltbedingungen).

Da diese steuernden Eingriffe untereinander abgestimmt und unter Einbeziehung ökonomischer und ökologischer Gesichtspunkte (minimale Kosten, optimale Ressourcennutzung, Aufrechterhalten eines optimalen Artenspektrums, minimale Umweltbelastung durch Toxine, Verminderung von Eutrophierungen, Beherrschung der Ko-Evolution von Schaderregern und Bodenmikroben u.a.m.) erfolgen müssen, sind integrierende Betrachtungen, d.h. Systembetrachtungen erforderlich.

Aufgabe der Systemanalyse ist es hier, Verhaltensvorhersagen und Entscheidungsvorschläge für lang-, mittel- und kurzfristige Steuermaßnahmen, die bestimmten biologischen, ökologischen und ökonomischen Randbedingungen genügen, mittels eines mathematischen Modells zu erarbeiten, die dem Ziel dienen, "in der Land- und Nahrungsgüterwirtschaft die Produktion und deren Effektivität systematisch zu erhöhen, um eine stabile, sich stetig verbessernde Versorgung der Bevölkerung mit hochwertigen Nahrungsmitteln und der Industrie mit Rohstoffen zu sichern" /1/.

Diese mathematisch-kybernetischen Vorhersage- und Steuermodelle unterstützen Planung und Leitung des landwirtschaftlichen Produktionsprozesses, die optimale Nutzung von Ressourcen, die Standortplanung und die Steuerung von Prozessen in der Pflanzen- und Tierproduktion.

Zur Zeit gibt es international mehr als 25 arbeitsfähige nationale ökonomische bzw. sozialökonomische Entscheidungs- und Leitungsmodelle (siehe /2/). Diese Entwicklung unterstreicht die auf dem VIII. Parteitag der SED erhobene Forderung, mathematisch-kybernetische Modelle für die Planung und Leitung volkswirtschaftlicher Prozesse, der Steuerung von Naturprozessen und industriellen Prozessen verstärkt zu nutzen und, wie auf dem IX. Parteitag betont, die Notwendigkeit des sparsamsten Umgangs mit den zur Verfügung stehenden Ressourcen bei der Intensivierung der landwirtschaftlichen und industriellen Produktion zu beachten.

Je nach Schwerpunkt der Zielstellung der systemanalytischen Aufgaben können 2 Modelltypen betrachtet werden:

1. biologisch/ökologische Modelle, bei denen die ökonomisch/technologischen Aspekte in die Randbedingungen eingehen,
2. ökonomisch/technologische Modelle, bei denen die ökologisch/biologischen Aspekte in die Randbedingungen eingehen;

(siehe Abb. 1).

Im folgenden beziehen wir uns auf die internationale Literatur, besonders auf Dokumentationen des IIASA (Wien).

## 2. Sozioökonomische Integration der landwirtschaftlichen Produktion

Die ständig angestrebte Steigerung der Erträge erfordert eine komplexe Beherrschung der Intensivierungsfaktoren Düngung, Wasserversorgung, Schädlingsbekämpfung, Maschineneinsatz, auch Meliorationen, Züchtung/Einführung neuer Sorten im unmittelbaren Produktionsprozess (betriebliche Entscheidungsebene) und von Planungsprozessen auf höherer Ebene (staatliche Entscheidungsebene); z.B. mittels Standortverteilungs-/Regionalplanungsmodellen und Modellen der Jahresplanung bzw. operativen Planung der Produktion.

In Abb. 2 (sozioökonomische Integration) ist das Agroökosystem als Grundlage des landwirtschaftlichen Produktionsprozesses in seiner Einbettung in das Gesamtökosystem und in seiner Beziehung zu industriellen Prozessen und mit seinen hierarchischen Entscheidungsebenen gezeigt. Die landwirtschaftliche Produktion wird allgemein als ein mehrschichtiges, hierarchisch organisiertes System aufgefaßt, das durch verschiedene Sektoren der Gesellschaft kontrolliert und nach globalen gesellschaftlichen Zielen verwertet wird /3/. Die oberste Schicht dieser Hierarchie ist das sogenannte normative Stratum, das Wertsystem, nach dem das AÖS beeinflußt und genutzt wird. Es sind beispielsweise grundlegend kontroverse Nutzungskonzepte möglich: etwa einen maximalen Ertrag zu erzielen unter einem uneingeschränkten Verwertungsdenken, oder das Hauptaugenmerk auf die schadstoffarme und landschaftliche Erhaltung des menschlichen Lebensraumes zu richten.
Nachfolgend erscheint die administrative staatliche Ebene, die mittels sogenannter Politiken (policies) Volumen und Struktur der Agrarproduktion beeinflussen. Dazu zählen die Steuer- und Preispolitik, Investitionsentscheidungen, Ex- und Importe und dergleichen. Diese Politiken betreffen insbesondere die betriebliche Ebene, d.h. die eigentlichen landwirtschaftlichen Produktionseinheiten. Die dort getroffenen Entscheidungen umfassen die direkten operativen Eingriffe in das AÖS: den Einsatz von Düngemitteln und Pestiziden, Bewässerungsmaßnahmen, Maschinen- und Arbeitskräfteeinsatz, die Art und den Umfang der Landnutzung etc. Die ökonomische "Kennziffer", die das Produktionssystem global aus dem AÖS gewinnt und dem volkswirtschaftlichen System weitervermittelt, ist der Ertrag des AÖS. Dieser geht substantiell in den Warenkreislauf ein und wird informationell in die Entscheidungen der übergeordneten Ebenen einbezogen. Die eigentlichen naturwissenschaftlichen Aspekte des AÖS (Nährstoffzirkulation, Bodenbeschaffenheit, Wasserhaushalt, Pflanzenwachstum usw.) werden in dieser Modellklasse nahezu unberücksichtigt gelassen.

Summarisch erscheinen die Wachstumsfunktionen im Ertrag, der im Modell über sogenannte Produktionsfunktionen ermittelt wird. Darunter kann allgemein die funktionelle Verknüpfung der kostenmäßigen Inputkomponente des AÖS verstanden werden, deren mengenmäßiger Einsatz, multipliziert mit dem Kostenfaktor, einen bestimmten Anteil am Ertrag erbringt. Es haben sich gewisse klassische Produktionsfunktionen verbreitet. In dem später angeführten Modell AGRIMOD /4/ sind es Generalisierungen der Mitscherlich-Baule- und Spillmann-Produktionsfunktion. Technologische Trends und biologische Verbesserungen im AÖS (etwa Züchtungsmaßnahmen) werden i.a. nur in zeitveränderlichen Koeffizienten, die jährlich neu berechnet werden, ausgedrückt.

## 3. ökonomisch ausgerichtete Agrarmodelle mit und ohne ökologisch/biologische Randbedingungen

Die ökonomische Verwertung des Outputs des AÖS ist für Staaten mit einer entwickelten Ware-Geld-Beziehung i.a. relativ überschaubar, so daß sich eine gewisse Modellgrundstruktur für diese ökonomische Modellklasse angeben läßt (Abb. 3 nach /2/). Die stark gesellschaftssystemabhängigen Kopplungen sind ausgewiesen (gestrichelt). Es gibt hierzu sehr verschiedene Modelle. Entsprechend der Problematik und Zielfunktion werden bestimmte Ausschnitte dieser Grundstruktur erfaßt und mit einer Mikrostruktur genauer gezeichnet.
Es ist möglich, unter gewissen Gesichtspunkten neben der genannten Vereinheitlichung (Abb. 2) auch eine Unterscheidung der Modelle zu treffen. In der folgend gewählten Übersicht teilen wir die Modelle hinsichtlich ihres regionalen Geltungsbereiches (regionale, nationale und globale Modelle) und ihrer volkswirtschaftlichen und warenmäßigen Disaggregation ein:

| | Gesamtvolkswirtschaft/ Sozioökonomie | mit besonderer Berücksichtigung der Landwirtschaft | Sektor Landwirtschaft | einzelne Agrarprodukte |
|---|---|---|---|---|
| global | Modell von Mesarovic/ Restel /5/ | MOIRA /6/ | World Food Economy M. /7/ | Modell über Getreidebestände /8/ |
| national | Modell BACHUE (Philippinen)/9/ | Modell d. ungar. Landwirtsch./10/ | AGRIMOD /4/ | |

Neben dem Aggregationsgrad des Modells (Anzahl Regionen, Sektoren, Produkte) unterscheiden sich die Modelle auch hinsichtlich der exogen eingegebenen und endogen ermittelten Parameter (z.B. Preise und Bedarf). Neben dem allgemeinen Zweck der Modellierung, operative oder/und gnoseologische Aussagen zu treffen, richtet sich die Modellstruktur wesentlich nach der Zielfunktion.
Zu typischen Fragestellungen dieser Modellklasse zählen beispielsweise:

- die Ermittlung der optimalen Allokation der Agrarproduktion (kostengünstige Produktionsstruktur im nationalen oder internationalen Maßstab unter Berücksichtigung von Handelsbeziehungen und Transportkosten)
- die Ermittlung geeigneter Bestände eines oder mehrerer Agrarprodukte zur Stabilisierung des Weltmarktpreises bei natürlichen jährlichen Ertragsschwankungen
- Untersuchungen des Einflusses von Investitionspolitiken auf Umfang und Struktur der Agrarproduktion
- Berechnung des Effektes von Preisen (Erzeugerpreise, Verbraucherpreise, Weltmarktpreise, Preisstützungen) auf die landwirtschaftliche Produktion
- Bestimmung einer optimalen regionalen Betriebsgröße unter kostenmäßigen Gesichtspunkten bei gleichzeitiger Berücksichtigung einer geeigneten Erzeugnisstruktur.

Bei der Vermarktung des landwirtschaftlichen Outputs benutzen die Modelle sogenannte Liefer- (supply) und Bedarfs- (demand) Funktionen. In den Modellen müssen oft enorme Datenmengen verarbeitet werden, wobei beachtliche informationelle Lücken bleiben können. Die Modellgruppe CARD /11/ beispielsweise umfaßt als "kleinstes" Modell einen Ansatz mit 960 Gleichungen und 2700 Variablen und als größtes ein Modell mit 10 000 Gleichungen und 75 000 Variablen. Auch gibt es Kompatibilitätsschwierigkeiten derart, daß etwa verschiedene nationale Preissysteme nicht korrespondieren.

Die Modelle des International Institute for Applied Systems Analysis (IIASA) gehören ebenfalls zu dieser Modellklasse. Sie untersuchen im nationalen oder internationalen Maßstab Ursachen und Ausmaß des Ernährungsproblems und sollen so angelegt werden, daß sich verschiedene Modellansätze als paßfähig erweisen. Deshalb hat sich eine gewisse Grundstruktur herausgebildet: Auf einen real-world-block mit disaggregierter Agrarwirtschaft (nach Regionen und Erzeugnissen) und aggregierter restlicher Volkswirtschaft wirkt ein policy-block von Strategien und Entscheidungen über den Bedarf, die Erzeugung, den Verbrauch und Handel mit Agrarprodukten. Betriebliche Entscheidungen betreffen die kostenmäßigen landwirtschaftlichen Inputs und werden durch operative Modelle ermittelt. Zufallseinflüsse wie Wettereffekte gehen nur schwach ein.

Als mathematische Methoden erscheinen hauptsächlich dynamische Simulation, Ökonometrie, lineare und nichtlineare Optimierung und rekursive Entscheidungsprobleme. Die Validierung erfolgt i.a. über Sensitivitätsanalysen und Vergleiche mit realen Entwicklungen entsprechend der Statistik, kann aber in manchen Fällen nur schwach versucht werden. Das Simulationsmodell zur Entwicklung der Landwirtschaft von Niedersachsen (Bundesrepublik Deutschland) von de Haen und Heidhues /12/ hat retrospektiv gute Modellergebnisse im Vergleich mit der tatsächlichen Entwicklung erbracht. Insgesamt kann gesagt werden, daß diese Trendtreue im Detail stark von der Datenbasis abhängig ist. Für allgemeine Trenduntersuchungen genügen möglicherweise auch Aussagen über Entwicklungsrichtungen und den Wirkungsanteil von einzelnen Einflußfaktoren. Die Austestung der Wirkmechanismen kann kaum am Realobjekt erfolgen, da der menschliche Daseinsbereich durch Experimente mit nicht streng überschaubaren Folgen nicht gefährdet werden darf. Deshalb sind gerade hier Modelle (Simulationsexperimente) die einzige Testmöglichkeit. Dazu zählt z.B. das Modell von Picardi und Siefert zur Tragödie der Sahelzone /13/.

Es hat sich gezeigt, daß die intuitiv ergriffenen Hilfsmaßnahmen (veterinärmedizinische Hilfe und importmäßige Aufbesserung des durch Dürre reduzierten Viehbestandes) nur den Teufelskreis der Überbeweidung dieses ariden Gebietes wieder anwerfen, während im Modell simulierte Erhöhungen des Marktwertes des Viehs zur langsamen Erholung der Grasnarbe im Zusammenhang mit Umstellungen in der kulturell-historisch bedingten Ernährungs- und Daseinsweise der Nomaden führen können. Die zusätzliche Einfuhr von Futter kann zur Entlastung der Weide führen. Auch die anderen, teils bereits genannten Modelle zeigen die Entscheidungshilfe der Systemanalyse in der Landwirtschaft.

Im weiteren soll anhand des Modells AGRIMOD /4/ ein näherer Einblick in die Methodik und Struktur eines typischen Vertreters dieser Modellklasse vermittelt werden. Dieser dynamische Systemansatz mit ökonometrischen Betrachtungen und nichtlinearer Optimierung modelliert die Getreideproduktion auf eine umfassende Weise. Abb. 4 gibt einen Überblick über die Grundstruktur dieses Modellkomplexes. Es sind die Sektoren: Präproduktionssektor der industriellen, finanziellen und substantiellen Voraussetzungen der landwirtschaftlichen Produktion, die Getreideproduktion und die Sektoren Nahrungsangebot und -verbrauch mit den korrespondierenden Märkten (Betriebsinput-Markt, Getreidemarkt und Einzelhandel) verbunden. Insgesamt gibt es 17 Submodelle; die Aggregation umfaßt 10 Getreide-Arten und Erzeugnisgruppen der Viehzucht, 13 Gebiete sowie 3 Arten Düngemittel. Die Daten stammen aus den Jahren 1955-1970, und der Voraussagehorizont wird mit 1990 - 1995 angegeben. Untersucht werden die Implikationen von alternativen Politiken über die Nahrungsmittelerzeugung, die Begrenzung der natürlichen Ressourcen einschließlich der Energie und technologische Veränderungen.

Die für den Produktionssektor verwendeten Gleichungen entsprechen Generalisierungen der Mitscherlich-Baule-Spillmann-Produktionsfunktion. Es besteht die Aufgabe der Gewinnmaximierung unter Randbedingung $\theta\}$:

$$\max \left\{ \sum_{ij} \hat{p}_j Y_{ij} - C_{ij} - P_{ij} \,\middle|\, \{\theta\} \right\}$$

als nichtlineares Optimierungsproblem (Lösung mittels eines verallgemeinerten reduzierten Gradientenalgorithmus).

Es ist hierbei

$\hat{p}$ - zu erwartender Preis je t*o* der j-ten Fruchtart

$Y_{ij}$ - Gesamtertrag der j-ten Art im i-ten Gebiet

$C_{ij}$ - Gesamtkosten für die Erzeugung von $Y_{ij}$

$P_{ij}$ - monitäre Risikoaversion (bei der Umstellung der Produktion auf die j-te Art im i-ten Gebiet),

wobei der Gesamtertrag

$Y_{ij} = y_{ij} L_{ij} v_i$

($L_{ij}$ - Anbaufläche der j-ten Art im i-ten Gebiet,

$v_i$ - Bodenproduktivitätsparameter)

und der flächenbezogene Ertrag der j-ten Art im i-ten Gebiet

$$y_{qij} = A_{ij} \left(1 - e^{-k_{qij} \cdot x_{qij}}\right)$$

ist.

Das Argument $x_{qij}$ dieser Funktion ist ein Produktionsfaktor $x_{qij}$, z.B. aufgewendeter Mineraldünger (q-ter Produktionsfaktor) bei der j-ten Art im i-ten Gebiet je Flächeneinheit oder verbrauchter Kraftstoff je Flächeneinheit. In den Parameter $k_{qij}$ geht die zeitlich veränderliche Responsibilität der Ertragsbildung auf die Produktionsfaktoren ein (z.B. höhere Effektivität des Mineraldüngers, verbesserte Arbeitsorganisation beim Einsatz von Traktoren). $A_{ij}$ repräsentiert den Flächenertrag z.B. bei fehlender Mineraldüngung bzw. bei minimalem Maschineneinsatz. Spezielle Formen sind

$A_{ij} = (c_{ij} + b_{ij})$; $c_{ij}$ - Ertrag ohne Mineraldünger
$b_{ij}$ - Verbesserung des Grundertrages durch erhöhte Bodenfruchtbarkeit

$x_{ij} = \dfrac{f_{ij}}{r_i}$ : Düngungsaufwendung/Flächeneinheit

$r_i$ = Normierungsparameter, der z.B. das Klima im i-ten Gebiet widerspiegelt.

$x_{ij} = m_j$ : gebietsunabhängiger Kraftstoffverbrauch/Flächeneinheit für die j-te Art.

Die $y_{qij}$ werden geeignet zu $y_{ij}$ verknüpft.

Weiterhin ist $C_{ij} = \sum_q c_{qij}$

mit den flächenbezogenen speziellen monitären Aufwendungen

$c_{qij} = cp_{qj} \cdot m_j \cdot L_{ij}$

($cp_{qj}$ = erwartete Kosten je aufgewendeter Einheit).

Randbedingungen sind:

$\theta_1 : \sum_{j \in J_i} L_{ij} \leq L_i$ (landwirtschaftlich nutzbare Fläche im i-ten Gebiet),

$\theta_2 : \sum_{i \in I_j} L_{ij} \leq L_j$ (verfügbare Fläche für die j-te Art im i-ten Gebiet)

Die international entwickelten Modelle dieser Art (siehe /2/) beruhen wesentlich auf der Basis der bürgerlichen Ökonomie. Die Zielstellungen ergeben sich aus dem Welternährungsproblem. Wesentlich ist, daß dabei zunächst die Probleme präzisiert, grundlegende Fakten erkannt werden und versucht wird, hieraus Maßnahmen zur Lösung bzw. Erleichterung abzuleiten. Wesentliche Zielstellungen sind a) Ertragssteigerung und b) Veränderung der Einkommensverteilung. Die systemanalytischen Arbeiten sind international zunächst auf Randgebieten fruchtbar entwickelt, wie Verbesserung der internationalen Beziehungen (stabiler Handel, entwickelte Nahrungsmittelhilfe, angepaßte Preispolitiken u.a.), und spiegeln sich in landwirtschaftlich gefächerten Nationalmodellen wider, in denen die übrige Volkswirtschaft durch Ranbedingungen repräsentiert wird. Von zentraler Bedeutung sind nach unserer Auffassung Systemmodelle, die der Steigerung der landwirtschaftlichen Produktion dienen. Wesentliche Beiträge der DDR hierzu sind das Standortverteilungsmodell zur optimalen Allokation unter regionalen Randbedingungen, das 5-Jahrplan-Modell (lineares Optimierungsmodell) zur Maximierung der Produktion auf der Basis der verfügbaren Ressourcen, sowie eine Anzahl von Modellsystemen zur operativen Steuerung mittels Düngung, Wasserversorgung, Schaderregerbekämpfung und von Züchtungsprozessen (eine ausführliche Darstellung ist in /14/ gegeben).

Im folgenden werden einige Beispiele für biologisch/ökologische Modelle zum Einsatz bei der Benutzung von Produktionsfaktoren wie Wasser, Düngung, Schädlingsbekämpfungsmittel angeführt. In diesen Modellen ist im Gegensatz zu den o.g. das natürliche Stratum genauer abgebildet, ökonomische Aspekte gehen meist als Randbedingungen ein.

## 4. Biologisch-ökologische Modelle von AÖS mit ökonomisch-technologischen Randbedingungen

Bei dieser Modellklasse steht die naturwissenschaftliche Behandlung eines AÖS im Vordergrund. Neben einem operativen Einsatz der Modellergebnisse "vor Ort" sind hier insbesondere die internen Prozesse eines AÖS, die zur Ertragsbildung beitragen, transparent und kontrollierbar zu machen. Da ein AÖS letztlich unter diesem Blickwinkel nur ein spezielles Ökosystem ist, ist die Modellierung von AÖS in die modellmäßige Behandlung von ÖS eingebettet.

In Kooperation mit der AdL der DDR wird vom Zentralinstitut für Kybernetik und Informationsprozesse der AdW der DDR ein Simulationsmodell SONCHES zur zeitdiskreten Simulation von beliebigen Elementen der Systemklasse Ökosysteme entwickelt (lt. /15/, /16/).
Dieses Simulationssystem kann für Verhaltensvorhersagen und für die Optimierung steuernder Eingriffe in AÖS genutzt werden. Steuerparameter sind insbes. Düngung, Wasserversorgung und Schädlingsbekämpfungsmittel. Es sind solche Steuerungen des AÖS gesucht, die polyoptimal bezüglich Ertrag, Kosten und Umweltbelastung sind. Das allgemeine Modellsystem

$$M = \left\{ X^{*},\ X,\ Y,\ Z;\ \{A\},\ \{\Theta\};\ z_0;\ T \right\}$$

besteht aus funktionell einheitlichen, prototypisierten Compartments, deren Zustände durch die Menge Z erfaßt sind, der "äußeren Umwelt" $X^{*}$ (z.B.Regen, Globalstrahlung,Düngung), einer "inneren Umwelt" X (z.B. durch die Pflanze resorbierbares Wasser, aufschließbare Bodenmineralien) einer Menge Y zur Leistungscharakteristik des ÖS (z.B. Ertrag oder Sauerstoffproduktion), den Wechselwirkungen innerhalb des ÖS, dargestellt als modular fixierte ökologische Regelmechanismen A, die die Zustandsänderungen, die Umformung der Umweltgrößen und die Ausgabefunktion betreffen, mit den korrespondierenden Parametern Θ. $z_0$ ist ein Ausgangszustand, T das Zeitregime.
Abb. 5 stellt einen vereinfachten Ausschnitt aus dem Relationsgefüge eines AÖS vor. Ein für die Modellierung interessanter Bezug ist die Abbildung der Einflüsse auf das Pflanzenwachstum und die Erfassung der Schadeinflüsse, die zur Entartung des Lebensraumes führen können, in den das AÖS regional eingebettet ist. Die Wachstumsfaktoren einer Pflanze sind grob in fördernde (Licht von photosynthetisch nutzbarer Wellenlänge, geeignete Wasser- und Nährstoffversorgung usw.) und hemmende (wie Unkraut,Schädlinge) einteilbar. Der Eingriff des Menschen, optimale Wachstumsbedingungen für Kulturpflanzen zu schaffen, ist ein Kostenfaktor. Im allgemeinen wird abgewogen, wie diese Kosten zu der Ertragsdifferenz stehen.
Innerhalb der genannten Modellklasse erscheint eine wichtige Untergruppe von Modellen, die die steuernden Eingriffe der Agrarproduzenten ertragsmäßig und kostenseitig untersuchen. Abb. 6 gibt hierzu einen Überblick (nach /17/). Wichtig ist das Zusammenspiel von Vorhersage, Entscheidung, Maßnahme und Überwachung.

Die durch konventionelle Maßnahmen (wie Pesticideinsatz) induzierten toxischen Nebeneffekte sind bereits so kritisch geworden, daß zunehmend versucht wird, ÖS-interne Wechselwirkungen so zu steuern, daß der Pesticideinsatz drastisch reduziert werden kann. Dazu gehören vorrangig populationsdynamische Eingriffe in die Schaderregerpopulationen. Erstens können Schädlingsfeinde eingesetzt werden. Beispielsweise wurden durch den Bacillus thuringiensis rund 20 Insekten erfolgreich attackiert. Weiterhin ist auszunutzen, daß die Entwicklungsstadien eines Schaderregers unterschiedlich anfällig gegen Pesticide sind und daß der Schadensumfang ebenfalls stadienabhängig ist. Gesucht sind beispielsweise Schwellenwerte der Populationsdichte eines Schaderregers, nach denen der Eingriff erfolgen sollte. Stellvertretend sei hierfür das Modell von B. Shoemaker /18/ für die Bekämpfung des Luzernerüsselkäfers (Hypera postica) durch seinen natürlichen Feind Bathyplectes circulionis genannt.
In das Modell gehen ein:

- die Kulturpflanze K (Luzerne) mit ihrer Biomasseproduktion bzw. dem Ertrag Y, durch Zufallseffekte (Wetter),Schädlinge (Fraßmasse) und abiotische Faktoren (Licht etc.) beeinflußt;
- die Schädlingspopulation S (Luzernerüsselkäfer), die in Altersklassen unterteilt wird und für die ein Populationsmodell für die Transition zwischen den Altersklassen und die Anzahlen Organismen pro Altersklasse ($N_i(t)$ aufgestellt wird;
- der Parasit P des Schädlings (B.c.), dessen Populationsdynamik im Modell ebenso erfaßt ist wie die Wachstumsdynamik der Kulturpflanze.

Die Zerstörung durch Schädlinge ergibt sich als summarischer Ausdruck

$$D_t = \sum_i f_i N_i(t),$$

wobei $f_i$ ein altersklassenspezifischer Fraßkoeffizient ist. Der Netto-Ertrag ist die Differenz zwischen normal gebildeter Blattmasse und durch Insektenfraß vernichtete Blattmasse I.

Es werden zwei Teilmodelle aufgestellt:

1) Ein Wachstumsmodell über die Entwicklung von K,S,P unter Berücksichtigung
   - des Parasitismus von P an S,
   - einer externen Schädlingskontrolle v an S (ermittelt durch das 2. Teilmodell) und

- der durch S verursachten Ertragsverluste an K..
Berechnet werden die Größen $N_{xi_x}(t)$; $x = K,S,P$, $i_x = 1(1)n_x$; $D_t$; $Y$.

2) Ein Entscheidungsmodell über verschiedene Bekämpfungsmaßnahmen $v_k^m$ und die günstigsten Erntetermine $t_h^m$ für das Jahr $J_m$ unter Maximierung des Erwartungswertes der Differenz von Ertragsgewinn $I(t_h, v_k)$ und Bekämpfungskosten $C_k(v_k^m)$:

$$\max \quad F(t_h, v_k; p) \quad t_h \quad T, v_k \quad V$$

$$\text{wobei} \quad F = \sum_m F_m \quad \text{und}$$

$$F_m = p^m I^m(t_h^m, v_k^m) - C^m(v_k^m) \quad \text{ist;}$$

T : Menge der möglichen Erntetermine

V : Menge der möglichen Bekämpfungsmaßnahmen

p : Preis pro Ertragseinheit

Von besonderer Bedeutung für diese Modellgruppe ist das klassische Beispiel des Pestmanagements des Kiefernspinners. Der periodische Befall ausgedehnter Waldgebiete durch diesen Schädling hat weitreichende soziale und ökonomische Konsequenzen (etwa die holzverarbeitende Industrie betreffend). Ab einer kritischen Larvendichte erfolgt eine epidemische Ausbreitung. Die sich dabei verändernden Populationsdichten und deren flächenmäßige Verbreitung wird in dem Simulationsmodell von Holling /19/ beschrieben. An diesem Problem wurden auch moderne mathematische Methoden der Systembeschreibung erprobt, wie die von R. Thom entwickelte Katastrophentheorie.

Da es sich stets um komplexe Systembeschreibungen unter Beachtung von Nichtlinearitäten habdelt, erfolgt ein Trend in Richtung großer Simulationsmodelle (die z.T. schrittweise wieder zum Zweck der Steuerung und Optimierung schrittweise vereinfacht werden) zur Rechnung von Scenarios und Ableitung von Entscheidungsvorschlägen für Politiken und Management verschiedener Zeithorizonte. Ein international allgemeines Problem ist die begrenzte Verfügbarkeit notwendiger Daten. Es bilden sich deshalb interdisziplinäre Teams unter zentraler Projektleitung heraus, um Grundlagenexperimente,

Parameteridentifikationen, Implementierung und den Einsatz des Simulators bei Pilotanwendungen zu sichern; die Durchführung des Projektes Grassland-Biome(in /20/) ist hierfür ein richtungweisendes Beispiel (siehe auch /21/).

In der DDR hat sich auf dem Gebiet der Schaffung eines integrierten Systems zur Steuerung von pflanzlichen Produktionsprozessen eine stabile und tragfähige Kooperation zwischen dem ZKI(AdW) und der AdL herausgebildet (Komplexthema Agroökosystemsteuerung).

## Zusammenfassung

**Es wird die Notwendigkeit einer abgestimmten Steuerung in Agroökosystemen aus dem Komplex Intensivierung, Stabilität und Produktivität von AÖS und Umwelt hergeleitet. Hierzu sind Systembetrachtungen und komplexe Modelle erforderlich. Nach einer Darstellung der wesentlichsten globalen, ökonomischen Modelle für die Landwirtschaft, in denen naturwissenschaftlich/biologische Aspekte nur am Rande eingehen, werden biologisch/ökologische Modelle von AÖS charakterisiert und an einigen Beispielen erläutert.**

## Literatur

/1/ Programm des VIII. Parteitags der SED, 1976.

/2/ Neunteufel,M., 1977: The state of the art in modelling of the food and agricultural systems. RM*) - 77 - 27.

/3/ Clapham,W.B. and R.F.Pestel, 1978: A common framework for integrating the economic and ecologic dimensions of human ecosystems.II: Precesses and problem chains within the natural stratum. RM - 78 - 30.

/4/ Levis,A.H. et al, 1975: AGRIMOD: Development of a dynamic simulation model of food production for the U.S. - Paper presented at the 3rd IIASA Global Modelling Conference.

---

*)Research Memorandum des International Institute of Applied System Analysis

/5/ Mesarovic,M. and E. Pestel, 1975: The world model. Vol. I-II (Interne Dokumentation).

/6/ Linnemann, H., 1975: MOIRA: A model of international relations in agriculture. Paper presented at the 3rd IIASA Global Modelling Conference.

/7/ Takayama-Hashimoto: The eight agricultural commodity and twenty region world food economy model for 1974. Research report Nr. 1 of the project World Food Projection and Policy Evaluation.

/8/ Reutlinger, S., 1976: A simulation model for evaluating worldwide buffer stocks of wheat. American Journal of Agric. Econ.

/9/ Rodgers, G.B. et al, 1976: Economic-demographic modelling for development planning.ILO, Population and Employment Working Paper No. 45.

/10/ Csaki,C., A. Jones and S. Meszaros, 1978: Modelling of centrally planned food and agricultural systems: a framework for a national policy model for the hungarian food and agriculture sector, RM - 78 - 11.

/11/ Heady, E.O. and U.K. Srivastana (Eds.), 1975: Spatial sector programming models in agriculture. Iowa State University Press.

/12/ de Haen,H. and Heidhues, Th., 1973: Recursive programming models to simulate agricultural development - application in West Germany. Working Paper No. 18 of the Institut für Agroökonomie der Universität Göttingen.

/13/ Picardi, A.C. and W.W. Siefert: The tragedy of the common in the sahel. Technology Review 78, No. 6. (1976).

/14/ Bellmann, K. et al.(Red.), 1979: Expertise zur Anwendung der Systemanalyse Modellierung und Simulation in der Landwirtschaft der DDR. Forsch.-Rat DDR, EG Anwendung Kybernetik

/15/ Matthäus, E., 1979: Untersuchung von Ökosystemen mit Hilfe der Simulation. In Tag.-Berichte Math. Modellierung biogeozönotischer Prozesse Puscino (russ.)

/16/ Knijnenburg, A., E. Matthäus, H. Lattke und A. Kalmus, 1977: Diskrete Simulation von ökologischen Regelmechanismen und ihre Anwendung. In Berichte Symposium "Biophysikalische Ökologie und Ökosystemforschung".

/17/ Welch, S.M., Croft, B.A., Brunner, I.F. and Michels, M.F., 1978: PETE: An extansion phenologic modelling system for management of multispecies pest complex. Environmental Entomology, 7, S. 487-494.

/18/ Shoemaker, C.A., 1976: Optimal integrated pest management of age distributed populations. Department of Environmental Engineering Technical Report 76-2. Cornvell University.

/19/ Holling, C.S. et al, 1976: Ecological policy design: Lessons from a study of forest/pest management. R-6-B of Inst. of Resource Ecology, University of British Columbia, Vancouver, Canada.

/20/ Charnes, A. and W.R. Lynn (Eds.), 1975: Mathematical analysis of decision problems in ecology. Springer Verlag Berlin, Heidelberg, NewYork.

/21/ Innis, G.S. (Ed.), 1978: Grassland simulation model. Springer-Verlag Berlin, Heidelberg, NewYork.

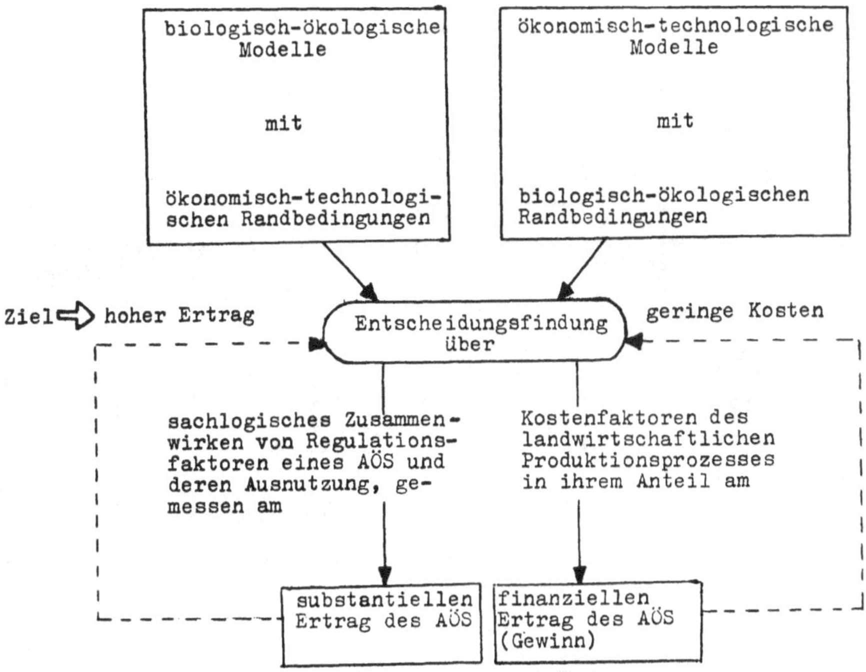


| <u>insbes.:</u> | | |
|---|---|---|
| | gnoseologisch betonte Simulationsmodelle | operative Steuermodelle |
| | über ein breites Problemspektrum | mit z.T. verallgemeinerter Problemgrundstruktur und vereinheitlichem Ansatz (sog. Produktionsfunktionen) |
| | mit ertragsbezogener Zielfunktion | mit kostenmäßiger Zielfunktion |

Abb. 1 : Grobklassifizierung der Modelle von AÖS

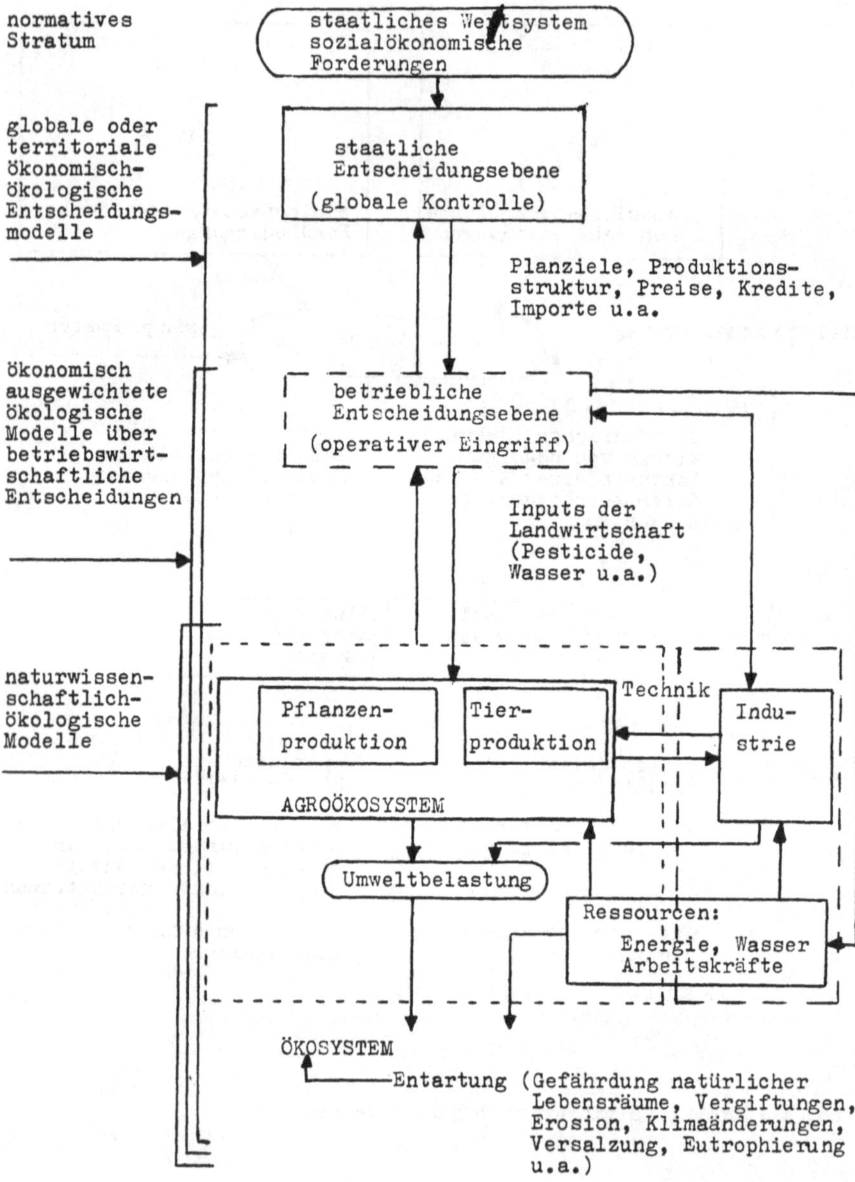


Abb. 2: Sozioökonomische Integration des Agroökosystems und ausschnittweise Modellerfassung

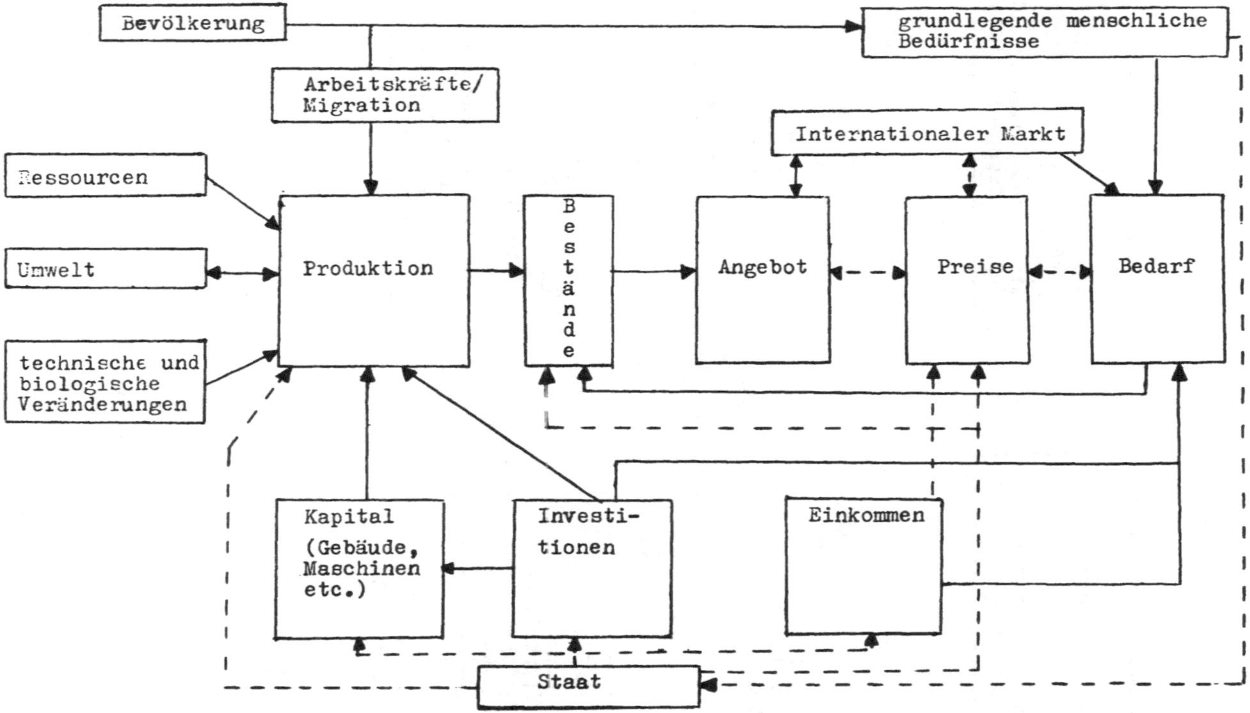


Abb. 3: Problemgrundstruktur der ökonomisch ausgerichteten Agrarmodelle (leicht verändert nach Neunteufel) — — — —▶ stark systemspezifische Kopplungen

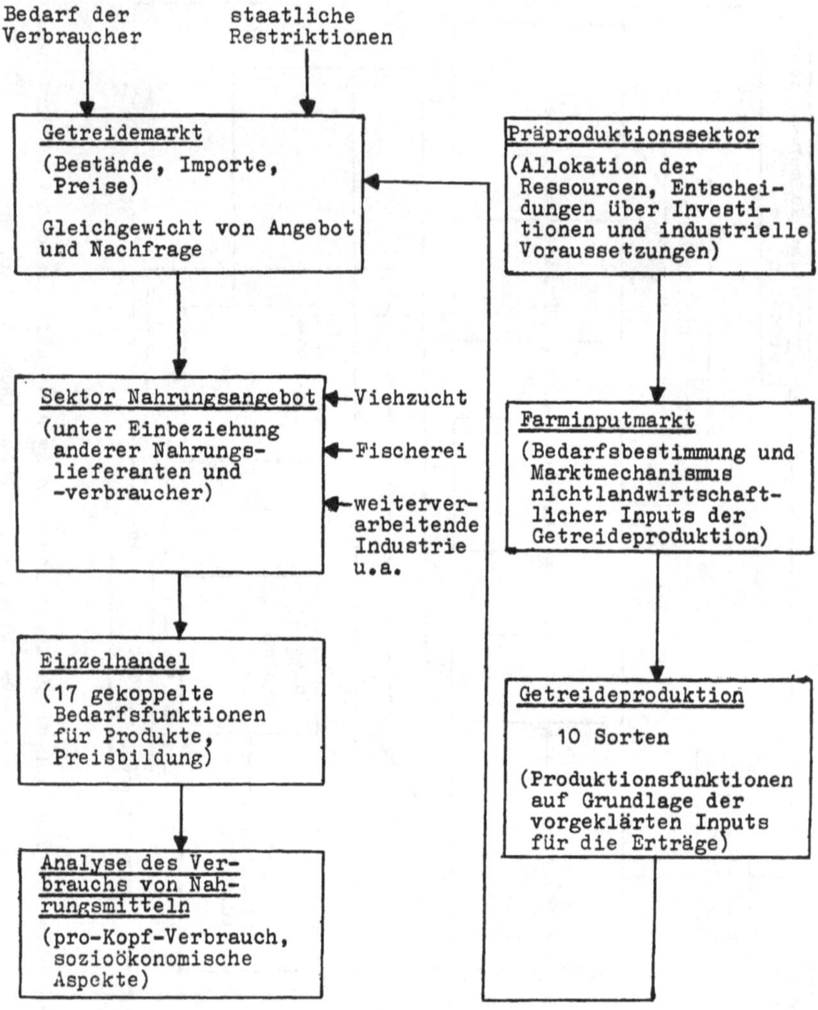


Abb. 4: Struktur des Modellkomplexes AGRIMOD

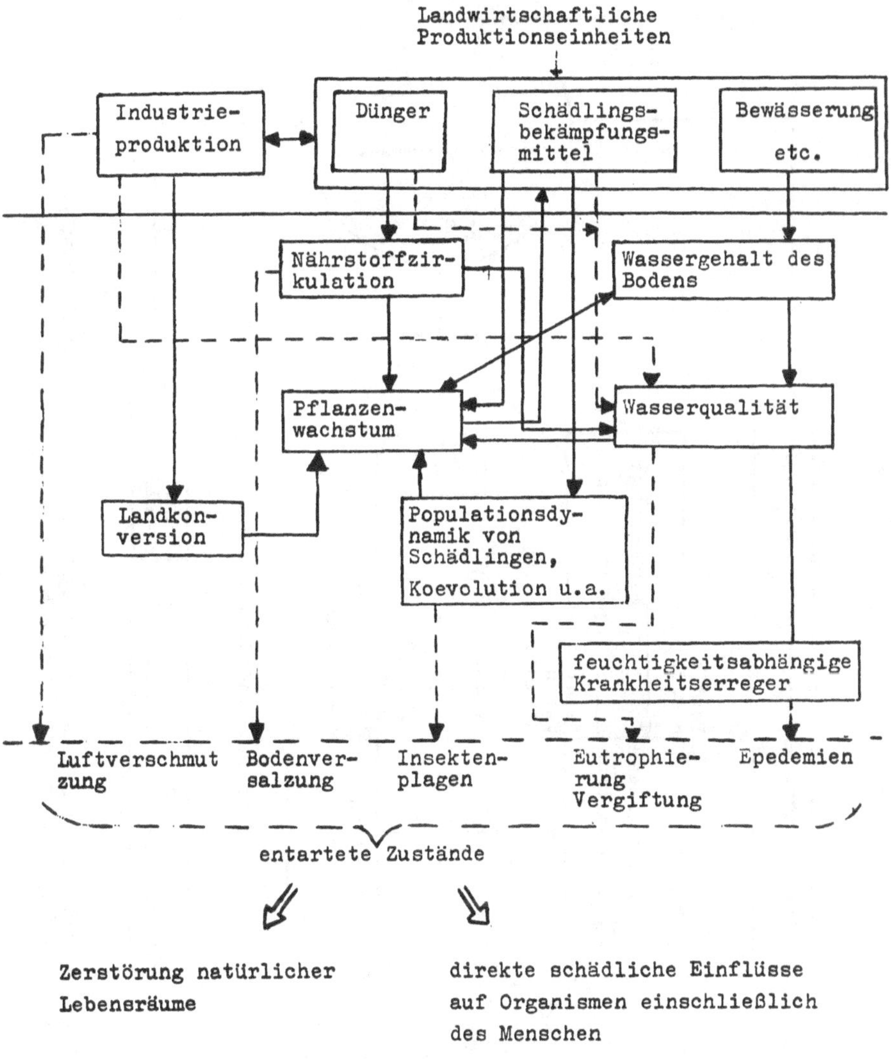


Abb. 5: Ausschnitt aus dem Relationsgefüge eines Agroökosystems

- - - ▶ Schadeinflüsse, die zu entarteten Zuständen des Agroökosystems führen können

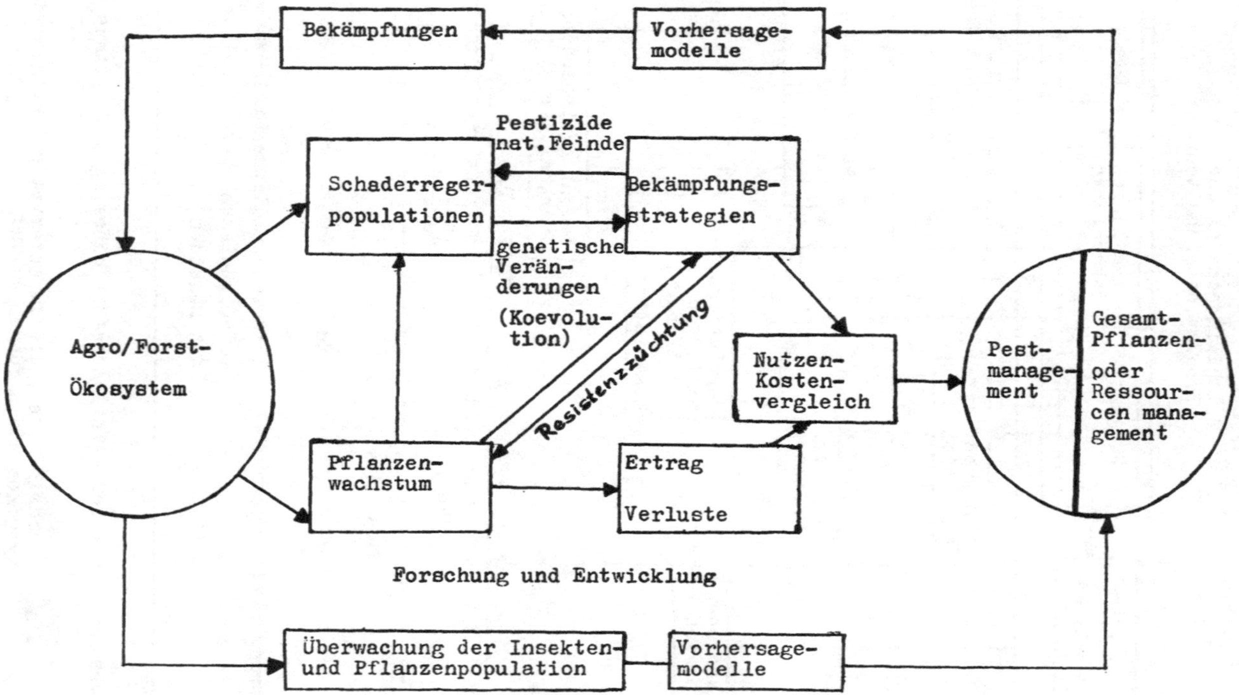


Abb. 6: Ökologisch-ökonomische Relationen des Agroökosystems an der Nutzung von Modellen zur Vorhersage und Bekämpfung von Schädlingen

# SYSTEMANALYSE IN DER WASSERWIRTSCHAFT
# STAND UND TRENDS

Otte, G. (ZKI), Becker, A. (IfW), Wernstedt, J. (THI)

## 1. Einleitung

Die Systemanalyse erweist sich zunehmend als eine notwendige Voraussetzung für die fachlich begründete Strukturierung und Organisation komplexer Systeme und die Leitung und Steuerung komplexer Prozesse. Die Notwendigkeit einer wissenschaftlichen Analyse des Systems der Bewirtschaftung der Wasserressourcen ergibt sich aus den gesellschaftlichen Anforderungen und den natürlichen und gesellschaftlichen Bedingungen seiner Realisierung. Auf diese Zusammenhänge wird im ersten Teil dieses Aufsatzes hingewiesen.
Im Hauptteil wird auf die verschiedenen Ebenen der Modellierung und die dabei auftretenden Probleme eingegangen. Das ist im vorgegebenen Rahmen nur in sehr gedrängter und allgemeiner Form möglich. Es kann auch nicht auf die vielen nationalen und internationalen Aktivitäten im einzelnen eingegangen werden.

Die Bewirtschaftung der Wasserressourcen muß vorwiegend zur Erfüllung folgender Anforderungen beitragen /1/:

- Zur Verwirklichung des sozialpolitischen Programms (Trinkwasserversorgung, Reinhaltung und Sanierung der Gewässer)
- zur Sicherung des industriellen Produktionsprozesses bei kontinuierlichem Wachstum
- zur Intensivierung der landwirtschaftlichen Produktion
- zum Hochwasser- und Küstenschutz
- zur wirtschaftlichen Wasserverwendung in allen gesellschaftlichen Bereichen,

d.h., sie hat

- die stabile Versorgung von Bevölkerung, Industrie und Landwirtschaft mit Wasser nach Menge und Beschaffenheit sowie die Abwasserbeseitigung und
- den Schutz der Wasseranlieger und Nutzer vor Schäden durch Hoch- und Niedrigwasser und Wasser unzureichender Beschaffenheit

zu sichern.
Das hat unter folgenden Bedingungen zu geschehen:

- In der DDR steigt der Wasserbedarf um jährlich 4 - 5 %, bei gleichbleibendem Dargebot, das zeitlich und örtlich nicht mit dem Bedarf übereinstimmt,
- die zeitliche und örtliche Umverteilung des Dargebots führt bei steigendem Bedarf zu stark anwachsenden Kosten für Versorgung und Abwasserbehandlung (Finanzmittel, Material, Chemikalien, Energie, Arbeitskräfte),
- steigender Bedarf erfordert Mehrfachnutzung als bilanzierte Dauerlösung,
- gleichzeitig gewinnen Forderungen an Bedeutung, die sich z.T. widersprechen, z.B. Versorgungssicherheit und Schutzfunktion.

Daraus sind in zusammengefaßter Form die folgenden Aufgaben abzuleiten
- Nutzung wirtschaftlicher Wasserverwendungstechnologien, Mehrfachnutzung in Industrie und Landwirtschaft,
- Auf- und Ausbau wasserwirtschaftlicher Systeme und
- Effektivitätssteigerung wasserwirtschaftlicher Systeme durch Verbesserung der operativen Steuerung.

## 2. Zur Notwendigkeit einer Systemanalyse

Die Hauptschwierigkeiten, denen man bei der Lösung der komplexen Aufgaben der Wasserwirtschaft damit gegenübersteht, sind gekennzeichnet durch
- hohe gesellschaftliche Aufwendungen und Risiken
- Komplexität und Ungewißheit.

Der hohe Aufwand und die wirtschaftlichen und sozialpolitischen Konsequenzen vieler wasserwirtschaftlicher Maßnahmen, der Eingriffe Dritter oder hydrologischer Extremereignisse erfordern eine möglichst eindeutige Vorausbestimmung aller ihrer Folgen.
Die Komplexität (Verkopplungen und Dynamik des Prozesses) bedingt jedoch, daß bestimmte Maßnahmen (z.B. der Wasserwirtschaft, von Nutzern, Anliegern) oder Ereignisse Folgen haben können, die oft erst nach längerer Zeit auf entfernter liegende Bereiche von Natur und Gesellschaft wirken. Die Vorausbestimmung solch vielschichtiger Langzeitwirkungen ist sehr problematisch. Die Komplexität des Prozesses erschwert aber auch Voraussagen für sehr kurze Zeiträume, die z.B. bei Hochwasser oder Havarien sehr genau sein müssen, um effektive Maßnahmen zur operativen Vorwärtssteuerung einleiten zu können.

Maßnahmen zur Lösung der Aufgaben der Wasserwirtschaft können daher nicht mehr allein aus der Kenntnis und durch Berücksichtigung von Teilzusammenhängen, von Teilprozessen der Wasserwirtschaft, Landwirtschaft, Industrie, Energiewesen usw. abgeleitet werden.

Entscheidungen über notwendige, zulässige, "optimale" Eingriffe in die Struktur wasserwirtschaftlicher Systeme und den Ablauf wasserwirtschaftlicher Prozesse müssen in zunehmendem Maße die Verkopplungen der Folgen, Wirkungen berücksichtigen.

Ein Instrument, die hierzu notwendigen Informationen zusammenzufassen und den jeweiligen Entscheidungsebenen entsprechend aufzubereiten, stellt die Systemanalyse dar,
eine wissenschaftliche Durchdringung des Systems, seine modellmäßige Zerlegung in Elemente und Relationen und darauf basierende Modellauswertungen (Simulation, Zustandsermittlung und -vorhersage, Optimierungen der Struktur, des Langzeitverhaltens, des Kurzzeitverhaltens ...).

Natürlich kann auch eine Systemanalyse nicht alle bestehenden Zusammenhänge erfassen und ein Modell sie nicht vollständig und genau widerspiegeln.

Das liegt zum einen wiederum an der Komplexität des Systems. Ein Modell, das stets alle bekannten Details mit großer Genauigkeit widerspiegelt, würde zu umfangreich sein, um es der Realität anzupassen und um es auszuwerten. Auch wenn es vom Umfang her möglich wäre, würde es i.a. unökonomisch.
Zum anderen liegt das aber an der Ungewißheit vieler Teilabläufe (Unkenntnis, Unvorhersagbarkeit, Subjektivität der Wertvorstellungen, nicht qualifizierbare Zielstellungen, unerfaßte Eingriffe) sowie an der Ungewißheit und Veränderlichkeit der Verkopplungen (d.h. Elemente, Relationen und Einflußgrößen des Modells).

Die Aufgabe der Systemanalyse besteht nun darin
- diese Ungewißheiten schrittweise zu beseitigen und dabei Modelle zu konstruieren, die den verschiedenen Entscheidungsebenen und Fragestellungen angepaßt sind und
- die Modelle im Sinne dieser Fragestellungen auszuwerten.

Naturgemäß wird in allen Fachdisziplinen mit der Analyse und Modellierung der wesentlichen fachspezifischen Prozesse und ihrer Einflußgrößen begonnen. Der nächste Schritt ist die Analyse und Modellierung von Wechselwirkungen verschiedener wasserwirtschaftlicher Teilprozesse.

Kennzeichnend für die Systemanalyse komplexer Prozesse ist die

Analyse und Modellierung von Wechselwirkungen mit anderen Bereichen der Volkswirtschaft.

Von interdisziplinärer Natur sind dabei folgende Aufgaben

. Identifikation, Reduktion und Anpassung verschiedener Teilmodelle aneinander und an die jeweiligen Modellierungsziele
. Auswertung bzw. Nutzung der gewonnenen Modelle (Simulation, Zustandsermittlung und -vorhersage, Optimierung, Steuerung ...)

Dabei müssen in der Regel folgende Zielstellungen einer Systemanalyse und dementsprechend verschiedene "Zeithorizonte" betrachtet werden

- die technische und ökonomische Untersuchung von Strukturvarianten (Projektierung)
- die Ermittlung von langfristig günstigen Bewirtschaftungs- und Steuerungsstrategien, Sanierungskonzeptionen
- die operative Vorhersage und die Realisierung von Steuerungsstrategien sowie die Havariebekämpfung.

Im folgenden sollen Stand und Trends der Systemanalyse bezüglich dieser Aufgaben zusammenfassend betrachtet werden.

## 3. Separate Modellierung von Wasser-Ressourcen-Systemen und hydrologischen Prozessen

Die Analyse und Modellierung spezifisch hydrologischer und wasserwirtschaftlicher Prozesse stellen den Ausgangspunkt der Modellierung in der Wasserwirtschaft dar, wobei folgende Gliederung möglich ist:

- Wassermengenmodelle
- Wasserbeschaffenheitsmodelle
- Kombinierte Mengen-Beschaffenheits-Modelle
- Öko-System-Modelle
- Modelle der "Eingangsgrößen" (z.B. meterologische Prozesse)

in verschiedenen aquatischen Systemen, z.B.

- in stehenden Gewässern
- in Fließgewässern
- im Untergrund (Boden-Grundwasser)

Die Anwendung der Systemanalyse ist in diesem Bereich relativ weit fortgeschritten. Die Modelle sind oft determinierte Modelle mit determinierten oder stochastischen Eingangsgrößen. Zu relativ breiter Praxisanwendung sind Grundwasserleitermodelle /2,3/ (Boden-)Wasserhaushaltsmodelle /4/ und Modelle zur Simulation des Abflußprozesses in Flußgebieten, u.a. speziell zur Hochwasservorhersage gelangt (Spree, Bode, Saale, Mulde, Elbe /5/, Werra /6/). Vielversprechende Ansätze sind auch bei der Wasserbeschaffenheitsmodellierung zu verzeichnen /7,8,9/. Als Beispiel zeigt Bild 1 ein nicht übertragbares, empirisches Beschaffenheitsmodell: den Jahresgang des Sauerstoffgehaltes der Spree am Pegel Köpenick und den Jahresgang der Wassertemperatur /10/. Am aufwendigsten und daher von einer abschließenden Bearbeitung am weitesten entfernt ist die Modellierung und Simulation komplexer Mengen-Beschaffenheits-Prozesse oder die Modellierung aquatischer Ökosysteme.

Das Hauptproblem ist häufig die Gewinnung der Daten der Eingangsgrössen und der Prozeßkenngrößen, z.B. in der notwendigen Qualität, örtlichen und zeitlichen Dichte (Art, Anzahl, Anordnung, Abruf der Meßstellen). Die Systemanalyse umfaßt physikalische, chemische, biologische und ökologische Grundsatzuntersuchungen für eine axiomatische (theoretische) Modellbildung bis hin zur experimentellen Modellbildung auf rein empirischer Basis.

## 4. Modellierung wasserwirtschaftlicher Systeme in ihrer Kopplung mit anderen Systemen der Volkswirtschaft

Die Analyse und Modellierung der natürlichen, technologischen und ökonomischen Wechselwirkungen der eben angeführten Teilprozesse ist die nächste Stufe einer Systemanalyse. Zu ihrer Verdeutlichung kann das folgende Schema eines wasserwirtschaftlichen System-Modells dienen, das die Einordnung der für diesen Zusammenhang wichtigen Submodelle zeigt, Bild 2 /11/.

Eine mehr funktionelle Gliederung eines wasserwirtschaftlichen Teilsystems, die die wassermengenmäßigen und die wasserbeschaffenheitsmäßigen Beziehungen zwischen den Gewässern und den wasserwirtschaftlichen Anlagen (technologisches Submodell) verdeutlicht, zeigt das folgende Bild 3.
Über Flüsse, Speicher, Abwassereinleitungen, Großnutzungen können mehrere derartiger regionaler Systeme verkoppelt sein, Bild 4. Dabei können sich Komplikationen ergeben, u.a. durch unterschiedliche
- hydrologische Begrenzungen (z.B. Flußgebietsgrenzen),
- oberirdische und unterirdische Verkopplungen, Überleitungen usw.
- administrative und wirtschaftliche Systembegrenzungen.

Die unter Beachtung dieser Bedingungen zu entwickelnden Wasserressourcensystem-Modelle und der Wasserbedarf von Bevölkerung, Industrie, Landwirtschaft usw. stellen die Hauptteile eines wasserwirtschaftlichen Systemmodells dar, für das bei Zusammenfassung aller möglichen Nutzungen die in Bild 5 /5/ dargestellte Modellstruktur zugrunde gelegt werden kann. Dieses Modell berücksichtigt die 2 Hauptmodelltypen (Kurzzeit, Langzeit) und die Hauptteile wasserwirtschaftlicher System-Modelle.
Kurz-Zeit- und Langzeit-Modelle, also die beiden Haupttypen, sind nicht unabhängig voneinander. Bei der Planung neuer Elemente (Projektierung) muß bereits deren (möglichst optimale) Bewirtschaftung und dabei deren (möglichst optimale Kurzzeit-) Steuerung berücksichtigt werden.

Eine wichtige Möglichkeit, die Forderungen von Nutzern detaillierter in die Systemanalyse einzubeziehen, insbesondere von Großnutzern, besteht darin, deren Wasserverwendungskonzept organisch mit dem regionalen wasserwirtschaftlichen Ressourcen- und Bedarfsmodell zu verknüpfen. Eine solche Vorgehensweise ist insbesondere dann notwendig, wenn sich mehrfache Wechselwirkungen in beiden Richtungen ergeben, z.B. bei großen regionalen Konzentrationen chemischer Industrie und besonders bei der Landwirtschaft. Ein "interdisziplinäres" Modell spezieller Beziehungen zwischen Wasserwirtschaft und Landwirtschaft wird in /12/ entwickelt.

In dieser Form kann die Berücksichtigung der Nutzer jedoch nur in ausgewählten Fällen erfolgen. Von organisatorischen Problemen und Kompetenzfragen abgesehen, die sich aus der Zuordnung zu verschiedenen Administrationen ergeben, würde ein zu detailliertes, nicht mehr überschaubares und praktisch nicht mehr simulierbares Modell entstehen.

Eine einfachere und wegen der Reduzierung auf die ökonomischen Aspekte der Verkopplung gleichzeitig relativ allgemeine Verbindung zwischen wasserwirtschaftlichen Systemen und der natürlichen und gesellschaftlichen Umwelt, allen Nutzern einer Region, erhält man über die eingangs genannten Anforderungen an die Wasserwirtschaft.
Eine ökonomische Zielfunktion der Wasserbewirtschaftung kann in folgender Form ausgedrückt werden /5/:
Minimierung der totalen materiellen und finanziellen Aufwendungen und Verluste

a) die in einem gegebenen wasserwirtschaftlichen System in allen möglichen Situationen auftreten können,
b) die notwendig sind für den Aufbau und die Funktion des wasserwirtschaftlichen Systems.

Diese Zielformulierung bietet formal die Möglichkeit, alle ökonomisch wichtigen Prozesse, Faktoren, die für die Planung und Steuerung eines wasserwirtschaftlichen Systems in seiner Komplexität von Interesse sind, in pauschaler Form zu berücksichtigen. Jedoch ist eine adäquate mathematische Formulierung nur möglich, wenn alle betrachteten Aufwendungen und Verluste in vergleichbaren Einheiten ausgedrückt werden. Hier bestehen noch große Probleme.

Offensichtlich können niemals alle relevanten Faktoren in monetärer Form berücksichtigt werden, z.B. Umweltaspekte, gesellschaftliche Aspekte u.ä. Andere Möglichkeiten bestehen dann in der Verwendung von

- "Nutzensfunktionen": basierend auf einer Bewertung von Aufwand und Verlusten, z.B. in Prozenten eines geeignet gewählten Maximums
- der sogenannten "Matrix der Anforderungen", die alle oberen und unteren Grenzwerte wichtiger hydrologischer und qualitativer Parameter und die Sicherheiten bzw. zulässigen Häufigkeiten des Verletzens dieser Grenzen enthält /5/.

Damit sind drei Haupt-Alternativen für die o.g. Zielfunktion, gleichzeitig drei Möglichkeiten zur Berücksichtigung der natürlichen und gesellschaftlichen Umwelt, vorgestellt:
- Minimierung der Kosten,
- Maximierung der Nutzensfunktion und
- Erfüllung der Matrix der Anforderungen.

Diese Bewertungen werden zweckmäßigerweise in jedem Anwendungsfall im Zusammenhang betrachtet.
Erste Erfolge bei der Anwendung solcher Verfahren für die Planung und Steuerung komplexer Wasserwirtschafts-Systeme sind in der DDR bereits erzielt worden und zwar mit Hilfe der sogenannten Langfristbewirtschaftungsmodelle sowie Kurzfristvorhersage- und Steuerungsmodelle für Flußgebiete, die dem in Bild 5 dargestellten Prinzip entsprechen (Saale, Bode, Müglitz). Dabei wurde eine Minimierung der Kosten bei gleichzeitiger Erfüllung der Matrix der Anforderungen angestrebt /11, 13/.

Die durch die Modellbildung erzielten bzw. als erzielbar nachgewiesenen Effekte sind bemerkenswert, woraus sich ein wachsendes Interesse der Praxis an der Entwicklung entsprechender Modelle, d.h. der Anwendung systemanalytischer Methoden ergeben hat, ungeachtet aller noch bestehenden Probleme und Schwierigkeiten von der Datenerfassung bis hin zur verfügbaren Rechentechnik und methodischen Problemen, zu deren Überwindung weitere umfangreiche Forschungen notwendig sind.

## 5. Ansatzpunkte für systemanalytische Arbeiten

Die Systemanalyse umfaßt die Bildung und Nutzung von Submodellen bis hin zu komplexen Modellen im erläuterten Sinne. Für ihre künftig wachsende Anwendung sind insbesondere folgende Entwicklungen von Bedeutung:

- Weiterentwicklung, Verfeinerung und Vereinfachung der Modelle wichtiger Teilprozesse, speziell zur Wasserbeschaffenheit und von Ökosystemen. Die fachwissenschaftlichen, theoretischen und meßtechnischen Untersuchungen können durch leistungsfähige Methoden zur Parameteridentifikation wesentlich ergänzt werden.
- Umformung, Anpassung und Kopplung verschiedener Teilmodelle (speziell die Einbeziehung und Berücksichtigung der Nutzerkonzepte) und Berücksichtigung der hierarchischen Systemstruktur bereits bei der Modellierung. Das Zusammenfügen von Teilmodellen unterschiedlicher Art (bezüglich Struktur, Vollständigkeit, Genauigkeit) ist ein kompliziertes organisatorisches, mathematisches und fachwissenschaftliches Problem. Mit dem Umfang und der Komplexität der Modelle gewinnen systematische und algorithmische Methoden an Bedeutung, die diese Modellumformungen am Rechner durchzuführen gestatten.
- Weiterentwicklung der Auswerteverfahren, insbesondere der Methoden und Techniken zur Optimierung komplexer Strukturen und Betriebsweisen.
- Entwicklungen auf rechentechnischem Gebiet.
  Der Aufwand zur Bildung und Auswertung komplexer Modelle wird wesentlich durch Hardware, Software und die Zugriffsart zum Rechner mitbestimmt. Kompatible und für den Dialogbetrieb geeignete Datenbanken und Methodenpakete können die Bearbeitung wesentlich rationalisieren.

## 6. Zusammenfassung

Die Anforderungen an die Bewirtschaftung der Wasserressourcen sind so vielfältig, ihre Realisierung ist mit so hohen gesellschaftlichen Aufwendungen einerseits und Risiken andererseits verknüpft, daß angesichts der Komplexität und Ungewißheit dieser Prozesse alle Entscheidungen auf einer wissenschaftlichen Analyse des Gesamtprozesses aufbauen sollten.

Die Systemanalyse des Gesamtprozesses basiert auf der Analyse spezifisch hydrologischer und wasserwirtschaftlicher Prozesse. Ihre nächste Stufe ist die Analyse und Modellierung der natürlichen, technologischen und ökonomischen Wechselwirkungen dieser Teilprozesse und der Wechselwirkungen mit der natürlichen und gesellschaftlichen Umwelt.

Der naturgemäß wachsende Umfang der Modelle erfordert leistungsfähige analytische Methoden zu ihrer Aufstellung, große meßtechnische Aufwendungen zur wertgemäßen Identifikation und nicht zuletzt eine spezielle Rechentechnik. Ohne diesen Aufwand besteht jedoch die Gefahr, daß bei großen gesellschaftlichen Aufgaben wichtige Aspekte in der Planung unberücksichtigt bleiben oder teure Anlagen nicht optimal betrieben werden.

## Literaturverzeichnis

/1/ Reichelt, H.: Die Aufgaben des IX. Parteitages der SED für die wirtschaftliche Wassernutzung
WWT-27 (1977) 7, 199 - 204

/2/ Luckner, L.; Schestakow, W.M.: Simulation der Geofiltration
Deutscher Verlag der Grundstoffindustrie, Leipzig 1975

/3/ Luckner, L.; Tiemer, K.; Kaden, St.; Nestler, W.:
Rechnergestützte Bewirtschaftung der Grundwasserressourcen in der DDR
WWt, Berlin 29 (1979) H 3, S. 82 - 86

/4/ Dyck, S.: Angewandte Hydrologie, Teil 2
VEB Verlag für Bauwesen, Berlin, 1978

/5/ Becker, A.: Prinzipien und Grundlagen der wasserwirtschaftlichen Planung und Prozeßsteuerung in Flußgebieten
Acta Hydrophysika Berlin
22 (1977) H 3-4, S. 117 - 195

/6/ Hoffmeyer-Zlotnik, H.J.; Wernstedt, J.; Kurz, A.:
Application of methods of statistic identification for developing models of the catchment area of a river in high and low level range
In: Proceedings of the VII. IFAC-Congress Helsinki 1978

/7/ Baumert, H.; Braun, P.: Zur Anwendung systemtheoretischer Methoden in der Wassergütewirtschaft
Acta hydrophys. 21 (1976) 3/4, S. 137 - 181

/8/ Schellenberger, G.; Kozerski, H.-P.; Behrendt, H.; Hoeg, S.:
A mathematical ecosystem model applicable to shallow water bodies
IAHS-Publ. 125 (1978), S. 128 - 136

/9/ Uhlmann, D.; Benndorf, J.; Gnauck, A.: Development of models for predicting phytoplankton and water quality in eutrophicated impounded waters.
Proceed. of EUTROSYM 76 (1976), vol. II. S. 387 - 415

/10/ Wernstedt, J.; Winkler, W.: Wassergütemodelle der Stadtspree
Forschungsbericht, TH Ilmenau 1977

/11/ Becker, A.: Applied modelling principles in water ressources systems planing and operations
Paper of the Conference of the Hungarian Hydrological society on Application of systems Analysis in Water Management Budapest, Nov. 1978

/12/ Golubev, G.N.; Shvytov, I.A.; Vasiliev, O.F.:
Enviromental Problems of Agriculture
I: Water-Related Environmental Impacts of Agriculture at the Field Level
IIASA-Publication RM-78-32, Laxenburg, 1978

/13/ Becker, A.; Krippendorf, H.; Thiele, W.: Einsatz von Modellen für eine effektive Bewirtschaftung der Oberflächengewässer
Die Technik 33 (1978) 8, 432 - 435

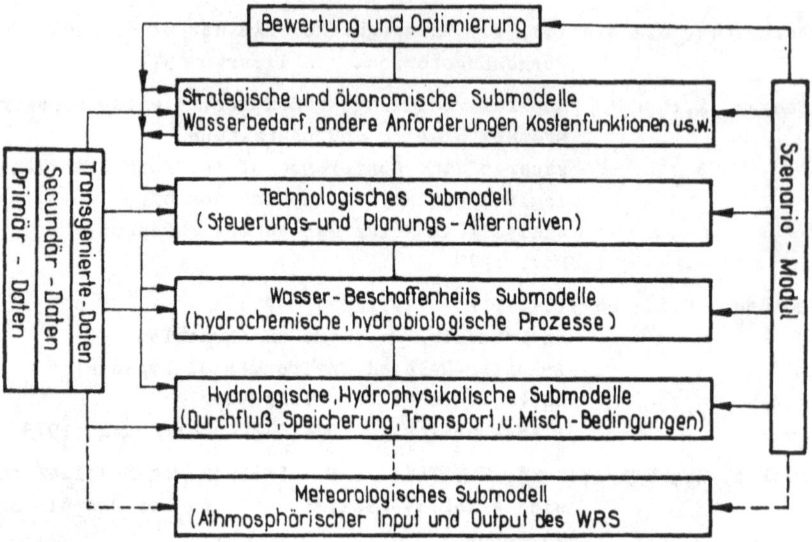


Bild 2: Allg. Schema eines wasserwirtschaftlichen System-Modells (WRS)/11/

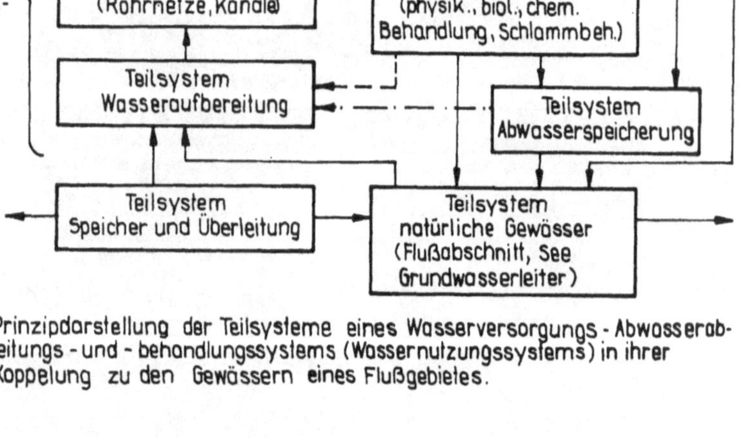


Bild 3: Prinzipdarstellung der Teilsysteme eines Wasserversorgungs-Abwasserableitungs-und-behandlungssystems (Wassernutzungssystems) in ihrer Koppelung zu den Gewässern eines Flußgebietes.

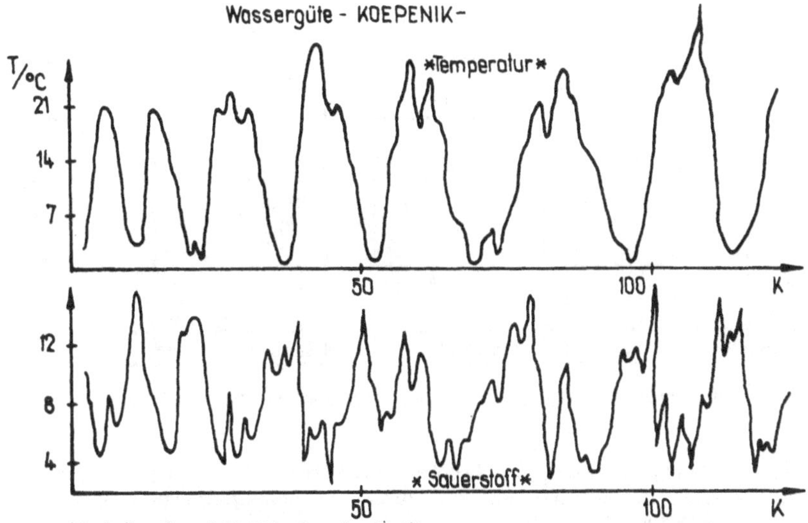


Modell: $O_2 = f(T, NH_4, Q, \ldots)$ ; Statik

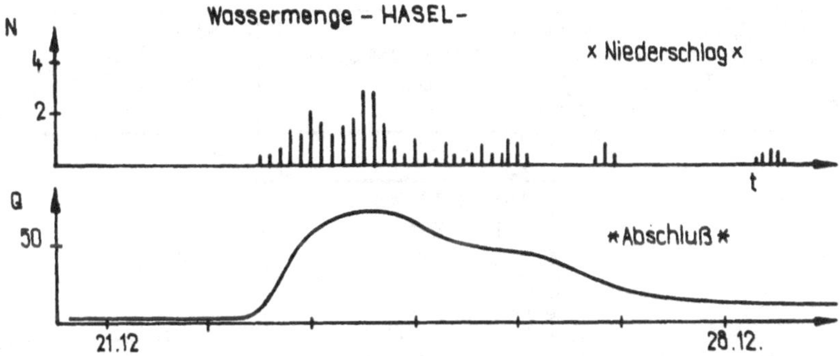


Modelle * linear: $Q(k) = b_1 N(k) + b_2 N(k-1) + \ldots$
$\qquad - a_1 Q(k-1) - a_2 Q(k-2) - \ldots$

* nichtlinear: $Q(k) = v_0 + v_1 b_1 N(k) + v_2 b_1 N(K)^2 + \ldots$
$\qquad - q_1 Q(k-1) - a_2 Q(k-2) - \ldots$

Bild 1

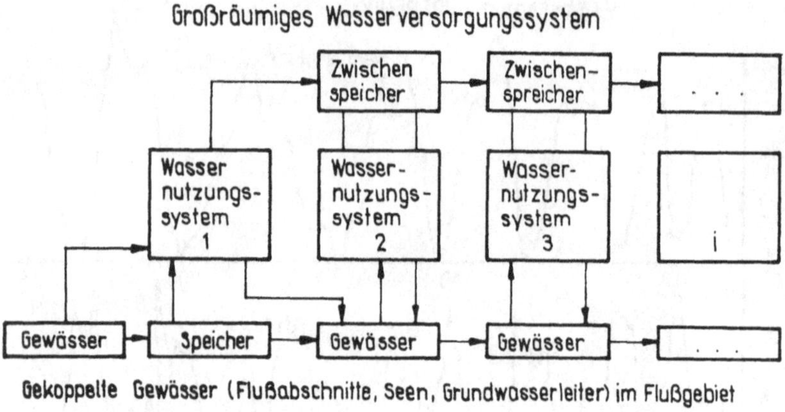


Bild 4: Prinzipdarstellung zur Kopplung verschiedener Wassernutzungssysteme über die Gewässer eines Flußgebietes und über großräumige Wasserversorgungssysteme.

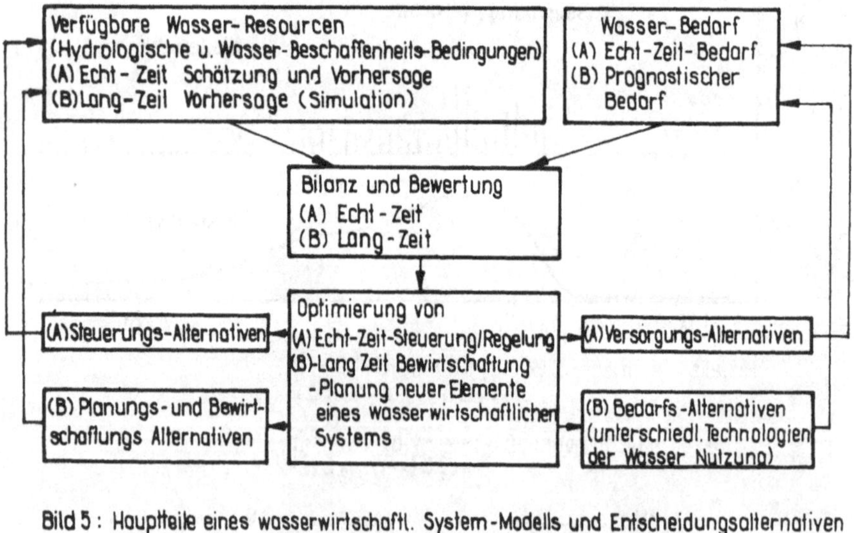


Bild 5: Hauptteile eines wasserwirtschaftl. System-Modells und Entscheidungsalternativen bezüglich der operativen Steuerung (A) und der Lang-Zeit-Bewirtschaftung (B) /5/

# ZUM ANLIEGEN UND ZUM GEGENSTAND DER VERKEHRSSYSTEMANALYSE

Strobel, H. Hochschule für Verkehrswesen "Friedrich List", Dresden

Böhm, D. Akademie der Wissenschaften der DDR Zentralinstitut für Kybernetik und Informationsprozesse, Karl-Marx-Stadt

## 1. Motivation

Entscheidungsprozesse, die sich mit der Weiterentwicklung oder Umgestaltung von Verkehrssystemen befassen, sind oft außerordentlich komplex und kompliziert, da sie

- viele Einflußfaktoren berücksichtigen müssen,
- große Investitionen über lange Zeiträume betreffen und
- Auswirkungen auf die Wirtschafts- und Siedlungsstruktur, auf die Umwelt und die Ressourcennutzung sowie auf die Lebensbedingungen und Verhaltensweisen der Bevölkerung in Rechnung zu stellen haben.

Die volkswirtschaftliche Dimension derartiger Entscheidungsprozesse ergibt sich u. a. aus der Tatsache, daß das Transportwesen

- einen erheblichen Teil des gesamten Arbeitskräftepotentials der Volkswirtschaft bindet,
- einen sehr hohen Bestand an hochwertigen Grundmitteln (Fahrzeuge, Infrastruktur) aufweist,
- einen beträchtlichen Anteil am Gesamtenergieverbrauch verzeichnet, der durch die individuelle Motorisierung weiter stark ansteigt,
- weitreichende und sehr direkte Auswirkungen auf die Umwelt vor allem bezüglich der Luftverschmutzung und Lärmbelästigung besitzt und
- die Lebensbedingungen der Bürger ganz unmittelbar beeinflußt.

Aus den hier angeführten Gründen besteht ein dringendes Bedürfnis nach formalisierbaren Methoden, die im Prozeß der Entscheidungsvorbereitung genutzt werden können, um die langfristigen Auswirkungen alternativer Entscheidungen quantitativ abschätzen und verschiedene Entwicklungsstrategien analysieren und bewerten zu können.

Diese Arbeit will den möglichen Beitrag der Kybernetik zur Schaffung derartiger formalisierbaren und quantitativen Analysemethoden untersuchen. Diese Analysemethoden bilden den Gegenstand einer neuen Arbeitsrichtung, die immer häufiger mit den Begriffen VERKEHRSSYSTEMANALYSE oder TRANSPORTSYSTEMANALYSE umschrieben wird (vgl. dazu Strobel, 1976).

Das Anliegen dieser Publikation beschränkt dabei sich darauf,

- Gegenstand und
- Zielstellung

der Verkehrssystemanalyse zu beschreiben. Dabei wird der Terminus "SYSTEMANALYSE" in dem Sinne genutzt, wie er sich in den Arbeiten des Internationalen Instituts für Angewandte Systemanalyse (IIASA) in Laxenburg bei Wien - dem die Akademie der Wissenschaften der DDR als Gründungsmitglied angehört - herauszubilden beginnt (vgl. dazu IIASA, 1976 und Strobel 1975, 76, 79, 8o). Zunächst sollen die Wechselbeziehungen zwischen Systemanalyse und Kybernetik unter besonderer Berücksichtigung der Besonderheiten des Verkehrswesen erörtert werden.

## 2. Verkehrskybernetik und Verkehrssystemanalyse

Unter der Verkehrskybernetik wird bekanntlich der Zweig der Kybernetik verstanden, der sich mit den Problemen der Regelung, Steuerung und Informationsübertragung in technischen und nichttechnischen Bereichen des Verkehrswesens befaßt. Versteht man den Begriff "Steuerung" in einem sehr weiten Sinne - etwa so, wie dies im sowjetischen Sprachgebrauch mit dem Ausdruck "Upravlienie" und im englischsprachigen Gebiet mit dem Term "Control" geschieht - dann lassen sich drei Kategorien von Steuerungsproblemen unterscheiden, die als drei Ebenen einer Aufgabenhierarchie aufgefaßt werden können und sich aus methodologischer Sicht vor allem im ZEITHORIZONT ihres Wirksamwerdens unterscheiden:

1. Ebene operativer Entscheidungen,
d. h. die (operative) STEUERUNG DER TRANSPORTDURCHFÜHRUNG. Hierbei handelt es sich um die Ebene der unmittelbaren VERKEHRS- oder TRANSPORTSTEUERUNG, wobei die Steuerungs- und Reglungsvorgänge in Zeitintervallen ablaufen, die sich von Bruchteilen von Sekunden bis zu mehreren Stunden erstrecken können.

2. Ebene taktischer Entscheidungen,
d. h. die TECHNOLOGISCHE PLANUNG UND ORGANISATION DES BETRIEBSABLAUFES, u. a. die Berechnung von Fahr- und Dienstplänen, Wagenumlaufplänen usw. (Ebene der TRANSPORT- bzw. VERKEHRSORGANISATION). Die Erarbeitung der Betriebsablaufpläne kann dabei durchaus als Entwurf einer STEUERUNGSVORSCHRIFT oder eines STEUERUNGSPROGRAMMES FÜR DIE TRANSPORTDURCHFÜHRUNG aufgefaßt werden, das die Arbeitsweise der Systeme über Zeiträume von etwa einem Tag bis zu mehreren Monaten (z. B. Sommer- und Winterfahrpläne) festlegt.

3. Ebene strategischer Entscheidungen,
d. h. die Erarbeitung von ENTWICKLUNGSSTRATEGIEN für die Weiterentwicklung der Verkehrssysteme. Diese Aufgabe läßt sich dabei durchaus im Sinne der Schaffung von (STRATEGISCHEN) STEUERUNGSVORSCHRIFTEN FÜR KOMPLEXE ENTWICKLUNGSPROZESSE verstehen, die sich allerdings in sehr langen Zeiträumen von etwa einem Jahr bis zu mehreren Jahrzehnten vollziehen.

Die zuerst genannte Ebene der

TRANSPORT- bzw. VERKEHRSSTEUERUNG

umfaßt Aufgaben und Kategorien, wie sie in der Technischen Kybernetik im allgemeinen untersucht werden (z. B. Steuerung und Regelung der Bewegung einzelner Fahrzeuge und automatische Sicherung der Fahrwege, Überwachung und Steuerung des Betriebsablaufes und des Verkehrsflusses in Knoten und auf Strecken, Leitung der Verkehrsströme im Netz).

Die zweite Ebene, d. h. die

VERKEHRS- bzw. TRANSPORTORGANISATION

wird meist nicht mehr dem Fachgebiet der Regelung und Steuerung zugeordnet. Sie wird vielmehr als eine Aufgabe der TRANSPORT-TECHNOLOGIE, bzw. der BETRIEBLICHEN PLANUNG verstanden und nimmt bereits eine gewisse Mittelstellung zwischen Technik und Ökonomie ein.

Die dritte Ebene schließlich umfaßt vor allem Aufgaben der langfristigen Planung und beinhaltet dominierend Komplexe interdisziplinärer Fragestellungen, die sowohl technisch-techologischer als auch ökonomischer Natur sind. Die Aufgaben dieser Ebene sollen als Gegenstand der

VERKEHRS- bzw. TRANSPORTSYSTEMANALYSE

betrachtet werden.

Die VERKEHRSSYSTEMANALYSE wird danach als das Teilgebiet der Kybernetik verstanden, das sich mit der Analyse und Erarbeitung von ENTWICKLUNGSSTRATEGIEN für Transportsysteme befaßt, wobei Entwicklungsstrategien - aus dem Blickwinkel der Kybernetik betrachtet - als STEUERUNGSVORSCHRIFTEN für komplexe und langfristige Entwicklungsprozesse aufgefaßt werden.

Ausgehend von den drei vorgestellten Charakteristiken der drei Ebenen
- VERKEHRSSTEUERUNG
- VERKEHRSORGANISATION
- VERKEHRSSYSTEMANALYSE

kann vermutet werden, daß zur Bearbeitung der wissenschaftlichen Aufgaben dieser drei Ebenen auf gleiche oder zumindest ähnliche kybernetische Instrumentarien zurückgegriffen werden kann, wie z. B.

- <u>Methoden der Modellbildung</u> (statisch, dynamisch, deterministisch; unscharfe Konzepte) und digitalen Simulation (u. a. Simulationssprachen)
- Analytische Methoden zur <u>Untersuchung des dynamischen Verhaltens</u> (Anwendung von Konzepten des Zustands- und der Zustandsbeschreibung, Stabilität und Elastizität von Systemen)
- <u>Methoden des Steuerungsentwurfes</u> (statische und dynamische, lineare und nichtlineare Optimierung, Optimalsteuerungstheorie, Zustandsidentifikation, Modale Regelung, Polyoptimierung, unscharfe Konzepte, lernende und adaptive Strukturen, "Frage-Antwort-System", künstliche Intelligenz).

Dies ist tatsächlich - zumindest teilweise - der Fall, wie im folgenden durch eine genauere Behandlung des wissenschaftlichen Gegenstandes der Verkehrssystemanalyse deutlich gemacht werden soll.

## 3. Gegenstand der VERKEHRSSYSTEMANALYSE

Der Forschungsgegenstand der Transportsystemanalyse besteht in dem Studium der komplexen und komplizierten Verflechtungen zwischen den Transportsystemen untereinander sowie mit Bereichen des Transportwesens. Das Ziel der Arbeiten muß in der Schaffung eines kybernetisch-rechentechnischen Instrumentariums bestehen, das als HILFSMITTEL FÜR DIE ENTSCHEIDUNGSFINDUNG ÜBER DIE WEITERENTWICKLUNG DER TRANSPORTSYSTEME sowie für die technisch-technologisch-ökonomische BEWERTUNG von ENTWICKLUNGSSTRATEGIEN einsetzbar ist. Hierzu gehören u. a. folgende Aufgabenkomplexe:

(1) ANALYSE VON GÜTERTRANSPORTSYSTEMEN
Entsprechend der gegebenen räumlichen Ausdehnung ist dabei zwischen
- lokalen (ITUL-Prozesse)
- regionalen und nationalen (Eisenbahn, Kraftverkehr, Werkverkehr) sowie
- internationalen (Eisenbahn, Kraftverkehr, Seeverkehr, Luftfahrt)

Gütertransportsystemen und resultierenden Verflechtungen mit der (lokalen) Industrie, der gesamten (nationalen) Volkswirtschaft und internationalen Wirtschaftspartnern zu unterscheiden.

(2) ANALYSE VON PERSONENVERKEHRSSYSTEMEN
Auch hier ist gemäß der räumlichen Ausdehnung zu gliedern nach folgenden Systemen:
- Städtischer Straßen- und Nahverkehr
- Regionaler Verkehr
- Zwischenstädtischer (Inter-City) Verkehr (z. B. Verbindung der Hauptstand mit den Bezirksstädten)
- Internationaler Verkehr.

Im Zentrum der systemanalytischen Arbeiten muß die MATHEMATISCHE MODELLIERUNG und RECHENTECHNISCHE SIMULATION der durch Bild 1 verdeutlichten Wechselbeziehungen zwischen den drei Komponenten

- TRANSPORTBEDARF
- TRANSPORTANGEBOT
- ENTWICKLUNGSZIELE UND -STRATEGIEN

stehen. Hierzu werden mathematische Modelle benötigt für die Simulation des Einflusses der im allgemeinen dynamischen, d. h. zeitabhängigen

- BEDARFSFAKTOREN
- ANGEBOTSFAKTOREN
  sowie
- ALTERNATIVER ENTWICKLUNGSRICHTUNGEN, den sogenannten SZENARIEN.

## 3.1. Bedarfsmodelle

Die zeitliche und räumliche Verteilung des Transportbedarfs wird durch eine Reihe von sozio-ökonomischen Faktoren beeinflußt, die sich vor allem ergeben aus

- der Territorialstruktur (Standorte der Industrien, Wohn- und Erholungsgebiete usw.)
- dem allgemeinen Niveau der ökonomischen Entwicklung
- dem Wachstum und der räumlichen Verteilung der Bevölkerung
- dem Stand der individuellen Motorisierung
- den sozialen Verhaltensweisen der Bevölkerung.

Alle diese Faktoren selbst sind mehr oder weniger als dynamische, d. h. zeitabhängige Einflußgrößen zu betrachten.
Eine Modellierung und Vorhersage des Transportbedarfs über einen Zeithorizont von mehreren Jahren oder Jahrzehnten erfordert demgemäß zwei Kategorien von Modellen:

- Modelle der Bedarfsfaktoren,
  die eine Vorhersage der zeitlichen Entwicklung dieser Faktoren gestatten, u. a. bezüglich individueller Motorisierung, Wachstum der Bevölkerung, Urbanisierung usw.

- Modelle für den Zusammenhang
  zwischen diesen Bedarfsfaktoren und dem resultierenden Transportbedarf, differenziert nach den verschiedenen Transportarten (Straße. Schiene usw.).

## 3.2. Angebotsmodelle

Zwei Kategorien von Angebotsmodellen müssen unterschieden werden:

- Modelle, die das Wechselspiel zwischen den durch Fahrzeugpark, Infrastruktur und Betriebsführung gegebenen Leistungskenngrößen der verschiedenen Transportsysteme und dem sich ausdehnenden Transportbedarf nachzubilden gestatten.

. Modelle, die Auswirkungen von Veränderungen der Transportsysteme auf die verschiedenen Bereiche der Wirtschaft und der Lebensbedingungen der Bevölkerung vorherzusagen gestatten.

Bei der ersten Kategorie von Modellen geht es vor allem um eine formalisierbare Beschreibung des Wechselspiels zwischen
TRANSPORTANGEBOT
TRANSPORTMITTELWAHL (Modal Split)/TRANSPORTINDUKTION
TRANSPORTBEDARF
TRANSPORTANGEBOT

Ein zentrales Problem bei der Modellierung dieser "Rückkopplungsschleife" (vgl. Bild 1) bildet die hinreichend genaue Beschreibung der Verkehrsmittelwahl, d. h. des Entscheidungsprozesses, der zur Benutzung dieses oder jenes Verkehrsmittels (z. B. privater PKW, Bus, Straßenbahn, Stadtbahn usw.) führt.
Die zweite Kategorie von Modellen wird benötigt, um die mannigfaltigen Rückwirkungen der Trasnportsysteme auf deren soziales, ökonomisches und ökologisches Umfeld analysieren zu können. Hierbei handelt es sich um ein Problem der TECHNIKFOLGENBEWERTUNG, das insbesondere in das angelsächsische Schrifttum der letzten 5 bis 1o Jahre unter der Bezeichnung TECHNOLOGY ASSESSMENT Eingang in das internationale Schrifttum der Systemanalyse gefunden hat (vgl. DOT, 1975; Ward, 1977). Für die Verkehrssystemanalyse ist dabei von besonderer Bedeutung die mathematische Modellierung der Auswirkungen des Transports auf

- die Nutzung begrenzt verfügbarer RESSOURCEN, vor allem auf den Energieverbrauch, und die FLÄCHENNUTZUNG,
- die Beeinflussung der UMWELT, u. a. bezüglich der UMWELTVERSCHMUTZUNG, der LÄRMBELÄSTIGUNG, der VIBBRATIONEN von Bauwerken sowie der negativen Beeinträchtigung des Stadtbildes durch Verkehrsbauten,
- die UNFALLGEFAHR und SICHERHEIT der Transportmittelbenutzer und Anwohner und
- die STADT- und REGIONALENTWICKLUNG!

Für die Bewertung von Entwicklungsstrategien erweist es sich als unerläßlich, diese TECHNOLOGIEFOLGEFAKTOREN hinsichtlich ihres zeitlichen Verlaufes abzuschätzen. Dazu werden also Modelle benötigt, die sich analytisch oder durch digitale Simulation auswerten lassen.

## 3.3. Entwicklungsziele

Grundsatzentscheidungen über die Weiterentwicklung der Verkehrssysteme können nicht nach einem KRITERIUM oder einem ENTWICKLUNGSZIEL gefällt werden, sondern müssen durchaus unterschiedliche Erwartungen und Zielstellungen verschiedener Bevölkerungsgruppen, der Verkehrsbetriebe und der Gesellschaft insgesamt im Sinne eines ausgewogenen Kompromisses berücksichtigen.

(1) Forderungen und Erwartungen der Verkehrsteilnehmer

Die starke Zunahme der individuellen Motorisierung hat gezeigt, daß der PKW offensichtlich gerade im Nahverkehr ein Verkehrsmittel darstellt, das den Wünschen und Forderungen der Benutzer weitgehend entgegenkommt. Die Forderungen, die der Verkehrsteilnehmer insbesondere der PKW-Besitzer an die öffentlichen Verkehrsmittel stellt, werden deshalb naturgemäß aus den Gebrauchseigenschaften des PKW abgeleitet, die nach vorliegenden soziologischen Studien besonders bezüglich der folgenden drei Punkte sehr hoch bewertet werden:

- UNGEBUNDENHEIT, d. h. Unabhängigkeit bezüglich der Wahl des Zeitpunktes für den Antritt der Fahrt und hinsichtlich des Fahrtzieles (kein Umsteigen, Betrieb rund um die Uhr),
- BEQUEMLICHKEIT,
- SCHNELLIGKEIT.

Gerade bezüglich dieser drei Faktoren erweist sich jedoch der PKW den ÖPNV-Systemen überlegen, sodaß die Entscheidung eines Verkehrsteilnehmers über die Benutzung eines öffentlichen Verkehrsmittels oder des privaten PKW's in der Relation "Wohnung-Arbeitsort" meist oder zumindest sehr oft zugunsten des PKW ausfällt. Selbst wenn das Kriterium SCHNELLIGKEIT auf Grund von Verkehrsstauungen in den Spitzenzeiten nicht erfüllbar ist, wird die Entscheidung in vielen Fällen nach folgender Überlegung getroffen:

"Wenn man schon nicht schnell ans Ziel kommen kann, dann macht man das Beste aus der Situation: man fährt bequem und dann, wann es einem paßt, d. h. also mit dem PKW".

Vor diesem Hintergrund ist die Abwanderung vom ÖPNV zum PKW zu verstehen, die in den hochmotorisierten Länern in den zurückliegenden Jahrzehnten zu beobachten war und mit der auch in der DDR bei weiter zunehmender Motorisierung - trotz der sehr niedrigen Nachverkehrstarife - zu rechnen sein wird. Da man einen Verkehrsteilnehmer nicht oder nur sehr begrenzt zwingen kann, auf die Benutzung des PKW zugunsten der effektiveren öffentlichen Nahverkehrssysteme zu verzichten, muß bei der Ableitung von STADT- und VERKEHRSENTWICKLUNGSSTRATEGIEN den oben genannten drei Kriterien sorgsame Beachtung geschenkt werden.

(2) Forderungen der ALLGEMEINHEIT

Aus der Sicht der BEWOHNER der Stadt kann eine Erfüllung der unter (1) genannten Kriterien nur dann akzeptiert werden, wenn dadurch nicht wesentliche politische, soziale und wirtschaftliche Zielstellungen der Gesellschaftsordnung verletzt werden. Die "optimale" Erfüllung der drei Kriterien UNGEBUNDENHEIT, BEQUEMLICHKEIT, SCHNELLIGKEIT für sehr viele oder nahezu alle Verkehrsteilnehmer durch extensive Benutzung des PKW führt offenbar zu unlösbaren Widersprüchen.

Die Erfüllbarkeit der unter (1) genannten drei Haupterwartungen, die der Verkehrsteilnehmer an öffentliche Nahverkehrssysteme (im Sinne einer Alternative zum privaten PKW) stellt, hängt also wesentlich davon ab, ob sie sich mit den Grundforderungen der Gesellschaftsordnung vereinbaren lassen. Diese betreffen vor allem die folgenden Kriterien:

- ERHALTUNG der SOZIALEN FUNKTION der Stadt, als politisches, kulturelles und wirtschaftliches Zentrum, d. h. Schaffung eines stadtgerechten Verkehrssystems und nicht einer verkehrs- oder autogerechten Stadt.
- UMWELTSCHUTZ, d. h. geringe Belastung der Bewohner durch Luftverschmutzung und Lärm sowie Vermeidung von negativen Beeinträchtigungen des Stadtbildes durch voluminöse Verkehrsbauten.
- EFFEKTIVE NUTZUNG von RESSOURCEN, d. h. Förderung von

energieeffektiven Transporttechnologien und Begrenzung des Aufwandes für Verkehrsflächen.

(3) Forderungen der VERKEHRSBETRIEBE

Aus den Zielstellungen der ALLGEMEINHEIT und der VERKEHRS-TEILNEHMER lassen sich verschiedene Konzepte für die Weiterentwicklung öffentlicher Nahverkehrssysteme ableiten, die allerdings nur dann eine Realisierungschance haben, wenn Grundforderungen des Betreibers dieser Systeme, d. h. der VERKEHRSBETRIEBE nicht entscheidend verletzt werden. Derartige Grundforderungen betreffen vor allem

- die BEGRENZUNG bzw. SENKUNG DES PERSONALBEDARFS und der BETRIEBSKOSTEN (Personal-, Energie- und Materialkosten),
- die GEWÄHRLEISTUNG einer hohen VERKEHRSSICHERHEIT und betrieblichen ZUVERLÄSSIGKEIT und
- die INTEGRIERBARKEIT neuer Systeme in bereits vorhandene.

Es ist offensichtlich, daß auch zwischen diesen Zielstellungen und den oben genannten Kriterien der Verkehrsteilnehmer Widersprüche auftreten können. Welchen Zielstellungen nun die Priorität einzuräumen ist, muß als verkehrspolitische Aufgabenstellung behandelt und entschieden werden. Eine Diskussion hierüber kann und soll deshalb auch nicht den Gegenstand dieser Arbeit bilden. Nachgegangen soll vielmehr im weiteren der Frage nach den ENTWICKLUNGSLINIEN bzw. den ALTERNATIVEN, die man zur Vorbereitung derartiger Entscheidungen analysieren muß.

## 3.4. Verkehrsentwicklungsstrategien: ALTERNATIVEN und BESCHRÄNKUNGEN

Wie durch Bild 2 veranschaulicht wird, ist bei der Ableitung von Strategien für die Verkehrsentwicklung grundsätzlich zu unterscheiden zwischen

(1) Strategien zur Beeinflussung, d. h. Reduzierung des VERKEHRSAUFKOMMENS bzw. des TRANSPORTBEDARFES und

(2) Strategien zur Erhöhung der LEISTUNGSFÄHIGKEIT der Verkehrssysteme, d. h. des TRANSPORTANGEBOTES

wobei weiterhin eine grundsätzliche Unterscheidung zu machen ist zwischen

(1) LANGFRISTIG WIRKSAM WERDENDEN ENTWICKLUNGSSTRATEGIEN mit einem Zeithorizont von einem bis mehreren Jahrzehnten,

(2) MITTELFRISTIG WIRKSAM WERDENDEN PLANUNGEN mit einer Realisierungszeit von etwa 3 bis 1o Jahren und

(3) KURZFRISTIG WIRKSAM WERDENDEN MASSNAHMEN mit einer Zeitdauer der Verwirklichung, die zwischen mehreren Monaten und wenigen Jahren schwanken kann.

### 3.4.1. Maßnahmen zur Reduzierung des TRANSPORTBEDARFS

(1) Langfristig wirksam werdende Entwicklungsstrategien:
Das Verkehrsaufkommen in einer Stadt oder einem Ballungszentrum ergibt sich bekanntlich aus der räumlichen Verteilung der in diesem Gebiet vorhandenen wirtschaftlichen, sozialen und politischen Aktivitäten, d. h. der Lage der Industriegebiete, Wohngebiete, Verwaltungszentren etc..
Die oberste Ebene einer Strategie zur Reduzierung des Verkehrsaufkommens besteht deshalb offenbar darin, die RÄUMLICHE VERTEILUNG der Verkehrsquellen und -senken zu verändern. Dies würde solche Vorhaben und Maßnahmen erfordern wie

- Neubau von Wohngebieten in verkehrsgünstiger Lage zu den Industriegebieten, Verwaltungszentren etc.,
- Rekonstruktion historisch gewachsener Städte,
- Veränderung der Lage von Industriegebieten, Verwaltungszentren, Bildungseinrichtungen usw.

Die Realisierbarkeit derartiger Strategien unterliegt allerdings meist sehr einschneidenden ökonomischen, städtebaulichen und anderen Beschränkungen. Sie erfordern in der Regel außerordentlich hohe ökonomische Aufwendungen über große Zeiträume und dürften sich in vielen Fällen - z. B. in einigen historisch gewachsenen Städten - überhaupt nicht anwenden lassen.

(2) Mittelfristig wirksam werdende Planungen:
Die zweite Ebene einer allgemeinen Strategie zur Reduzierung des Verkehrsaufkommens betrifft Maßnahmen zur Reduzierung der GRÖSSE des Verkehrsaufkommens, d. h. der VERKEHRSBELEBUNGEN im Straßennetz, z. B., wenn die RÄUMLICHE VERTEILUNG des Verkehrsaufkommens gegeben oder nicht beeinflußbar ist.

Zu diesen Maßnahmen gehören u. a.

- Erhöhung der Kraftfahrzeugsteuer und Benzinpreise,
- Reduzierung der Kraftfahrzeugzuführung,
- Beschränkung der Zufahrtmöglichkeiten zu den Stadtzentren,
- Appelle an die Verkehrsteilnehmer, auf die Benutzung des eigenen PKW zugunsten der Nutzung der ÖPNV zu verzichten.

Diese Maßnahmen scheinen den wesentlichen Vorteil zu besitzen, ohne hohe ökonomische Aufwendungen einführbar zu sein. Allerdings sind - bezüglich der zuerst genannten Maßnahmen - gewisse sozial-politische BESCHRÄNKUNGEN nicht zu übersehen.

(3) <u>Kurzfristig wirksam werdende Maßnahmen:</u>
Die dritte Ebene der Strategie zur Reduzierung des VERKEHRSAUFKOMMENS betrifft Maßnahmen zur Veränderung der ZEITLICHEN VERTEILUNG des Verkehrsaufkommens. Sehr oft werden Verkehrsstauungen ja nur durch die zeitliche Konzentration eines großen Teils des Gesamtverkehrsaufkommens auf wenige Stunden des Tages, d. h. auf die Morgen- und Nachmittagsspitzen, verursacht. Geeignet erscheinende Gegenmaßnahmen sind bekanntlich u. a. die Staffelung des Arbeitszeit- und Unterrichtsbeginns.

### 3.4.2. <u>Maßnahmen zur Erhöhung der Leistungsfähigkeit der Verkehrssysteme, d. h. des TRANSPORTANGEBOTES</u>

(1) <u>Langfristig wirksam werdende Entwicklungsstrategien:</u>
Die bedeutsamste Ebene in der Hierarchie der Strategien zur Erhöhung der Leistungsfähigkeit betrifft Änderungen der STRUKTUR städtischer Verkehrssysteme, d. h. u. a.

- den Neubau und die Erweiterung von Flächen für den ruhenden und fließenden Kfz-Verkehr und
- den Neubau oder die Erweiterung von U- und S-Bahnen sowie Straßenbahnlinien usw.

<u>Hierbei ist davon auszugehen, daß der sinnvolle Ausbau des Straßennetzes und die Förderung und Entwicklung des ÖPNV eine Unumgänglichkeit darstellt.</u> Zwei Einschränkungen sind jedoch notwendig:

- Wie das negative Beispiel der US-amerikanischen Städte nachweist, führt der hemmungslose Ausbau des Straßennetzes nicht zu einer Lösung der Verkehrsprobleme, sondern zu einer verstärkten Nutzung der PKW im Stadtgebiet und damit sogar zu einer Zunahme der städtischen Verkehrsprobleme, besonders hinsichtlich der Umweltgefährdung und des Kraftstoffverbrauches. Diese sich in jüngster Zeit auch in den USA durchsetzende Erkenntnis hat bei verschiedenen Stadt- und Verkehrsplanern dazu geführt, die sogenannte "No-Action Strategy", d. h. die "Nichtstun-Strategie" zu empfehlen, die von folgender Beobachtung ausgeht (vgl. Strobel, 198o): Jede Erweiterung des Straßennetzes im Stadtzentrum zieht neuen Verkehr an, sodaß nach einer kurzen Zeit der Entlastung erneut Stauungen auftreten". Man sollte deshalb - nach Ansicht der Vertreter dieser "No-Action-Denkschule" - alles beim Alten lassen; die Stauungen werden dazu führen, daß das Bedürfnis mit dem Auto in die Stadt zu fahren sinkt, wodurch sich selbsttätig ein Gleichgewicht zwischen Verkehrsaufkommen und Leistungsfähigkeit der Verkehrsanlagen ergibt. Offen bleibt naturgemäß die Frage, ob man die Konsequenzen dieses auf Stauungen beruhenden Gleichgewichts vom Standpunkt der Umweltgefährdung und der Behinderung des ÖPNV akzeptieren kann.
  Immerhin ist festzustellen, daß es besonders in den historisch gewachsenen Städten prinzipiell nicht möglich sein wird, den Ausbau der Verkehrsflächen nach Tempo und Ausmaß so vorzunehmen, daß er adäquat zum Anstieg der individuellen Motorisierung verläuft.

- Andererseits scheinen auch der Weiterentwicklung der existierenden ÖPNV-Systeme Grenzen in dem Bemühen gesetzt zu sein, die Nutzung des PKW's im Stadtgebiet zugunsten der effektiveren öffentlichen Verkehrsmittel zurückzudrängen.

Diese beiden Probleme haben bei vielen Verkehrsfachleuten zu der Auffassung geführt, daß die alleinige Anwendung der herkömmlichen Methoden zur Erhöhung der Leistungsfähigkeit der städtischen Verkehrssysteme, d. h. durch Erweiterung des Straßennetzes, durch Bau neuer U-Bahnlinien, Erweiterung von Staßenbahn- und Autobuslinien usw. nicht ausreicht zur Lösung der Verkehrsprobleme und letzten Endes in eine Sackgasse führt.

Als notwendig angesehen wird vielmehr der <u>zusätzliche Einsatz</u> völlig neuartiger (stadtgerechterer und umweltfreundlicherer) Nahverkehrssysteme, die den oben skizzierten Zielstellungen der Verkehrsteilnehmer, der Allgemeinheit und der Verkehrsbetriebe insgesamt besser entsprechen als dies die derzeit existierenden ÖPNV-Systeme vermögen (vgl. Strobel, Glöckner, 1977; DOT, 1975).

(2) <u>Mittelfristig wirksam werdende Planung:</u>

Die zweite Ebene der Strategien zur Erhöhung der Leistungsfähigkeit betrifft die Erhöhung der KAPAZITÄT oder DURCHLASSFÄHIGKEIT von kritischen Teilen existierender Verkehrsnetze (vgl. Bild 2).
Hierzu gehören u. a. solche Maßnahmen wie die Erweiterung von Straßenkreuzungen durch zusätzliche Abbiegespuren, die Erweiterung von Parkflächen oder Parkhäusern usw..

(3) <u>Kurzfristig wirksam werdende Maßnahmen:</u>

Die dritte Ebene schließlich (vgl. Bild 2) betrifft die Erhöhung der Leistungsfähigkeit durch Änderung oder Optimierung des BETRIEBSABLAUFES oder der TECHNOLOGIE in <u>existierenden</u> städtischen <u>Verkehrssystemen.</u>
Zu diesen Maßnahmen gehört u. a.

. das Instrumentarium der VERKEHRSORGANISATION mit solchen Aufgaben wie

  - Einführung von Einbahnstraßen,
  - Einrichtung von Fußgängerzonen,
  - Lichtsignalsteuerung des Straßenverkehrs,
  - Einrichtung von Dispatcherzentralen (mit Prozeßrechnern) zur Überwachung des ÖPNV

  als auch

. die Einführung NEUER TECHNOLOGIEN für existierende ÖPNV.

## 3.5. Die Scenario-Technik

Das Hauptanliegen der Verkehrssystemanalyse bildet, wie bereits unter 3. hervorgehoben wurde, die Analyse und Bewertung von Verkehrsentwicklungsstrategien, z. B. der im oben stehenden Abschnitt behandelten.

Man mag einwenden, daß eine derartige Aufgabenstellung keineswegs neu ist. Tatsächlich beinhaltet die Entwicklung der Generalverkehrspläne unserer Großstädte eine solche Bewertung und Analyse von Entwicklungsstrategien. Festzustellen ist hier allerdings, daß dies nicht oder nur teilweise auf der Basis mathematischer Modelle und von Simulationsrechnungen erfolgt. Das Anliegen einer Verkehrssystemanalyse -wie sie in dieser Arbeit definiert wurde- muß aber gerade darin bestehen, durch eine rechentechnische Simulation der im Bild 1 dargestellten Modellgruppen, nämlich von

BEDARFSMODELLEN,
ANGEBOTSMODELLEN und
MODELLEN FÜR ENTWICKLUNGSSTRATEGIEN,

die Auswirkungen von Entscheidungen über Entwicklungsstrategien quantitativ und möglichst umfassend abschätzen zu können. Dazu sind im voraus zunächst verschiedene SCENARIEN im Sinne von Entwicklungsstrategien auszuarbeiten und dem Digitalrechner zusammen mit dynamischen Modellen der wesentlichen Entwicklungsprozesse einzugeben. Dieser ermittelt dann die Auswirkungen der verschiedenen Entwicklungsstrategien unter Berücksichtigung der Variationsbreite verschiedener Einflußgrößen. Auf diese Weise lassen sich gesicherte Grundlagen für das Fällen von Entscheidungen über einzuschlagende Entwicklungsrichtungen fällen.

Die Methodik der Anwendung dieser Scenario-Technik soll anhand von Ergebnissen illustriert werden, die von Tsuchiya u. a. (1976) zum Problemkreis "Stadtentwicklung und Verkehr" publiziert worden sind. Die japanischen Autoren haben ein Simulationsprogramm entwickelt, das die Auswirkungen folgender Strategien für einen VORHERSAGEZEITRAUM von 20 Jahren zu analysieren gestattet:

STRATEGIE I :
- Keine qualitativen Änderungen bezüglich der ÖPNV-Systeme
- Einführung verschärfter gesetzlicher Bestimmungen zur Abgasentgiftung für Kraftfahrzeuge

STRATEGIE II : Stufenweise Inbetriebnahme eines unkonventionellen, vollautomatischen Nahverkehrssystems, eines sogenannten PRT (Personal Rapid Transit)-Systems (vgl. dazu Strobel, Glöckner, 1977; DOT, 1975)

STRATEGIE III : Zusätzlich zur Strategie II wird vorgesehen:
- Einsatz leistungsfähiger Fahrtroutenleitsysteme für den Straßenverkehr
- Ersatz von 20 % der herkömmlichen Kraftfahrzeuge durch Elektroautos während des Zeitraumes von 20 Jahren

Diese Strategien waren zu analysieren bezüglich der folgenden Auswirkungen:

(1) Umweltverschmutzung

(2) Spezifischer Energieverbrauch für das städtische Verkehrssystem als Ganzes

(3) Mittlere Reisezeiten

(4) Auslastungsfaktoren der bestehenden konventionellen ÖPNV-Systeme in den Verkehrsspitzen
Die starke Überlastung der Stadtschnellbahnen in den Spitzenzeiten ist bekanntlich für zahlreiche japanische Städte ein sehr bedeutsames Problem.

Durchgeführt wurde die Analyse für eine japanische Stadt, die als repräsentativ für eine größere Zahl anderer japanischer Städte gilt, wobei folgende Parameter zugrunde gelegt wurden.

| | |
|---|---|
| Einwohner | 542 000 |
| Fläche | 7 740 ha |
| Flächennutzung | 7,7 % Industrie |
| | 18,2 % Wohnungen |
| | 5,3 % Landwirtschaft |
| | 2,1 % Parks |
| | 29,6 % Wald |
| | 8,0 % Straßen |
| | 29,1 % Sonstiges |
| Verkehrsaufkommen | 2500 Tausend Fahrten pro Tag |

Die Gesamtfläche wurde in 46 Zonen eingeteilt, deren Abmessungen kleiner als 2,5 km x 2,5 km sind, wobei die Zahl der Fahrten pro Tag zwischen den einzelnen Zonen, d. h. die Quelle - Senke (Origin-Destination = OD-)Matrix vorlag.

Die Stadt verfügte zum Zeitpunkt der Untersuchung über 14 Autobuslinien, und neun Eisenbahnstationen können für den Nahverkehr genutzt werden. Für die Simulation wurden die genannten Entwicklungsstrategien wie folgt präzisiert:

- Sofortige Einführung neuer Gesetze bezüglich der zulässigen Abgasemission der Kraftfahrzeuge, wobei in einem Zeitraum von 1o Jahren alle Kraftfahrzeuge diesem neuen Standard genügen sollen.
- Das Netz des neuen Nahverkehrssystems soll über einen Zeitraum von 2o Jahren schrittweise in Betrieb genommen werden, d. h. alle vier Jahre wird ein neuer Netzteil dem Betrieb übergeben. Vorausgesetzt wird, daß das neue PRT-System die vorhandenen öffentlichen Systeme harmonisch ergänzt, d. h. - vereinfacht dargestellt - einer Zone (von weniger als 2,5 km x 2,5 km Ausdehnung), durch die keine Buslinie führt oder die keine Eisenbahnstation enthält, wird eine PRT-Haltestelle zugewiesen. Zusätzlich wurde naturgemäß sorgsam das Verkehrsaufkommen in den jeweiligen Zonen bei der Planung des PRT-Netzes und seiner Ausbauetappen in Rechnung gestellt.
- Das Wachstum der Stadt wurde als gegeben betrachtet. Angenommen worden war dabei eine 3 %ige Zunahme des Verkehrsaufkommens pro Jahr, sodaß im letzten Jahr des auf 2o Jahre bemessenen Vorhersage-Zeitraumes das Verkehrsaufkommen etwa 1,8mal so groß wie im ersten Jahr erwartet wird.

Das entwickelte Simulationsmodell umfaßt die folgenden Teile:

- Modellierung der Entscheidung über die Wahl des Verkehrsmittels. Angenommen wird hier, daß ein Verkehrsteilnehmer, der von der Zone i zur Zone j fahren will, eine Auswahl zwischen "Laufen", Auto, Eisenbahn, Bus oder PRT bzw. Kombinationen hieraus so vornimmt, daß eine gewichtete Summe aus Reisezeit und Kosten minimiert wird.

- Verteilung des Verkehrsaufkommens auf die verschiedenen Verkehrssysteme. Hierbei können naturgemäß im Straßennetz Überlastungen auftreten, was zu einem Anstieg der Reisezeiten führt. Deshalb wird in einem interativen Prozeß die Verkehrsaufteilung so modifiziert, daß sich ein stabiler Gleichgewichtszustand ergibt.

Mit diesem Simulationsmodell sind schließlich die folgenden acht aggregierten Zustandsgrößen, die als geeignet zur Kennzeichnung der Qualität des Gesamtverkehrssystems angesehen werden, ermittelt worden (vgl. Bild 3).

- Die mittlere Reisezeit für eine gewählte Einheitsentfernung als Mittel über alle Reisezeiten mit den verschiedenen Verkehrssystemen.
- Die mittlere Geschwindigkeit des Kfz-Verkehrs.
- Die Überlastungsraten für Bus und Eisenbahn.
- Der mittlere spezifische Energieverbrauch, der im Intersse einer leichten Vergleichsbasis zur PKW-Nutzung grundsätzlich als inverse Größe, nämlich in

  PERSONEN x km pro Liter Kraftstoff (Pkm/L)

  ermittelt wurde.
  Hierbei wurden folgende Werte angenommen:

| | |
|---|---|
| Eisenbahn | 43 Pkm/L |
| Bus | 3o Pkm/L |
| PRT | 25 Pkm/L |
| Auto | 13 Pkm/L |
| Elektroauto | 15 Pkm/L |

- Luftverschmutzung durch die Kraftfahrzeuge, ausgedrückt in CO, HC und $NO_x$, wobei folgende gesetzlich zulässige Emissionsraten in Gramm pro Fahrzeugkilometer (g/km x Fhz) angenommen wurden:

| | 1973 | 1975 | ab 1976 |
|---|---|---|---|
| CO | 18,4 | 2,1o | 2,1o |
| HC | 2,94 | o,25 | o,25 |
| $NO_x$ | 2,18 | 1,2o | o,6 bzw. o,85 |

Die Ergebnisse der Simulation sind in Form des 8-Komponentendiagramms im Bild 3 dargestellt, wobei die Maßstäbe so gewählt werden, daß

- bei einem Verkehrssystem hoher Qualität alle Punkte möglichst weit vom Kordinatenursprung entfernt liegen,
- während sie sich bei Abnahme der Qualität teilweise oder ganz dem Ursprung nähern.

Diese Simulationsergebnisse lassen folgende Schlußfolgerungen bezüglich des Effektes der verschiedenen Strategien zu:

STRATEGIE I: Wie Bild 3 verdeutlicht, führt die Durchsetzung strenger gesetzlicher Regelungen über die zulässigen Abgasemissionsraten zu einer sehr bemerkenswerten Verbesserung der derzeitigen Umweltverschmutzungssituation. Erhebliche Verschlechterungen treten jedoch auf bezüglich des

- spezifischen Energieverbrauchs
- der mittleren Reisezeit
- der mittleren Geschwindigkeit der Straßenfahrzeuge und
- der Überlastung von Bus und Eisenbahn in den Spitzenzeiten.

STRATEGIE II: Bild 3 veranschaulicht, daß die PRT-Systeme eine weitere Reduzierung der Umweltverschmutzung um 1o bis 2o Prozent gestatten. Das ohne den Einsatz der PRT-Systeme auftretende starke Ansteigen der mittleren Reisezeit und das Absinken der mittleren Geschwindigkeit der Straßenfahrzeuge kann verhindert oder zumindest stark gemindert werden. Obwohl das Verkehrsaufkommen im letzten (2o.) Jahr des Vorhersagezeitraumes um 8o % höher angenommen wurde als im ersten Jahr, steigt die Belastung von Bus und Eisenbahn nur um 1o % bis 2o % in den Spitzenzeiten des Verkehrs. Der spezifische Energieverbrauch sinkt bemerkenswert stark ab.

STRATEGIE III: Der zusätzlich zur Strategie II vorgesehene Einsatz eines Prozeßsteuerungssystems zur optimalen und verkehrsabhängigen Fahrtroutensteuerung des Straßenverkehrs verbessert insbesonders die Durchschnittsgeschwindigkeit des Autoverkehrs und das Mittel der Reisezeiten über alle Zonen und Verkehrssysteme. An der weiteren bemerkenswerten Reduzierung der Umweltverschmutzung und des spezifischen Energieverbrauchs hat der angenommene Ersatz von 2o % der herkömmlichen PKW durch Elektroautos spürbaren Anteil.

Die Autoren der Studie (Tsuchiya, 1976) ziehen aus diesen Ergebnissen den Schluß, daß eine sich auf den Einsatz von PRT-Systemen stützende Verkehrsentwicklungsstrategie, die in den nächsten 2o Jahren in der untersuchten Modellstadt auftretende Verkehrsprobleme zu lösen oder zumindest zu mindern vermag.

## 4. Schlußfolgerungen

Der Einsatz der SCENARIO-TECHNIK hat, nach Kenntnis der Autoren, bisher in der DDR keine oder keine nennenswerte Bedeutung bei der vergleichenden Untersuchung verschiedener Verkehrsentwicklungsstrategien erlangt. Das mag teilweise seine Ursache darin haben, daß die für die notwendigen Simulationsuntersuchungen einzusetzenden Großrechner mit den Parametern der BESM 6 oder des R 4o erst seit wenigen Jahren in der DDR zu Verfügung stehen. Die neuere internationale Literatur der ANGEWANDTEN SYSTEMANALYSE weist jedoch aus, daß zur Objektivierung von Entscheidungen das "Durchspielen" verschiedener Entwicklungsalternativen auf dem Rechner von großem Wert ist.

Aus diesem Grunde wird die Entwicklung von Simulationsprogrammen, die für das Studium langfristiger Verkehrsentwicklungsstrategien einsetzbar sind, als eine Grundlagenforschungsaufgabe von grundsätzlicher und allgemeiner Bedeutung angesehen. Die Schwierigkeiten der Bearbeitung dieser Aufgabe sollten allerdings nicht übersehen werden. Sie bestehen vor allem im interdisziplinären

Charakter der Problematik, die zu ihrer Behandlung

- sowohl Spezialkenntnisse der Kybernetik und Rechentechnik besonders im Hinblick auf die Probleme der Modellbildung und hochentwickelten Simulationssprachen als auch
- gediegene paraktische Erfahrungen bezüglich der Stadt- und Verkehrsplanung

erfordern.

## Literatur

DOT. Automated Guideway Transit: An Assessment of PRT and other New Systems. USA Congress, Office of Technology Assessment. Washington D. C., June 1975.

IIASA Conference '76, 10-13 May, 1976. Volume 1 und 2. International Institute for Applied Systems Analysis (IIASA), Laxenburg bei Wien, 1976.

Strobel, H. Transportation, Automation and the Quality of Urban Living. IIASA Research Report RR-75-34, October 1975

Strobel, H., editor, Transportation Systems Analysis. Report of an IIASA Planning Workshop, IIASA CP-76-11, October 1976.

Strobel, H. und B. Glöckner. Über den Beitrag der Prozeßsteuerungs- und Regelungstechnik zur Entwicklung neuartiger Lösungen für den Nahverkehr. Forschungsbericht aus dem Wissenschaftsbereich "Automatisierungstechnik" der HfV Dresden, 1977.

Strobel, H. "The Shinkansen and Transportation Systems Issues", in Straszak, editor: The Shinkansen Study Status Report, IIASA, 1979.

Strobel, H. Computer Controlled Urban Transport: A Survey of Concepts, Methods and International Experiences. International IAASA - Wiley Series on Applied Systems Analysis. Laxenburg/Wien: International Institute for Applied Systems Analysis. London: John Wiley, 1980 (im Druck).

Ward, J. D. et. al. Toward 2000: Opportunities in Transportation Evolution. Report No. DOT-TSC-77-19, USA Department of Transportation, Office of the Secretary, Washington D. C., March 1977.

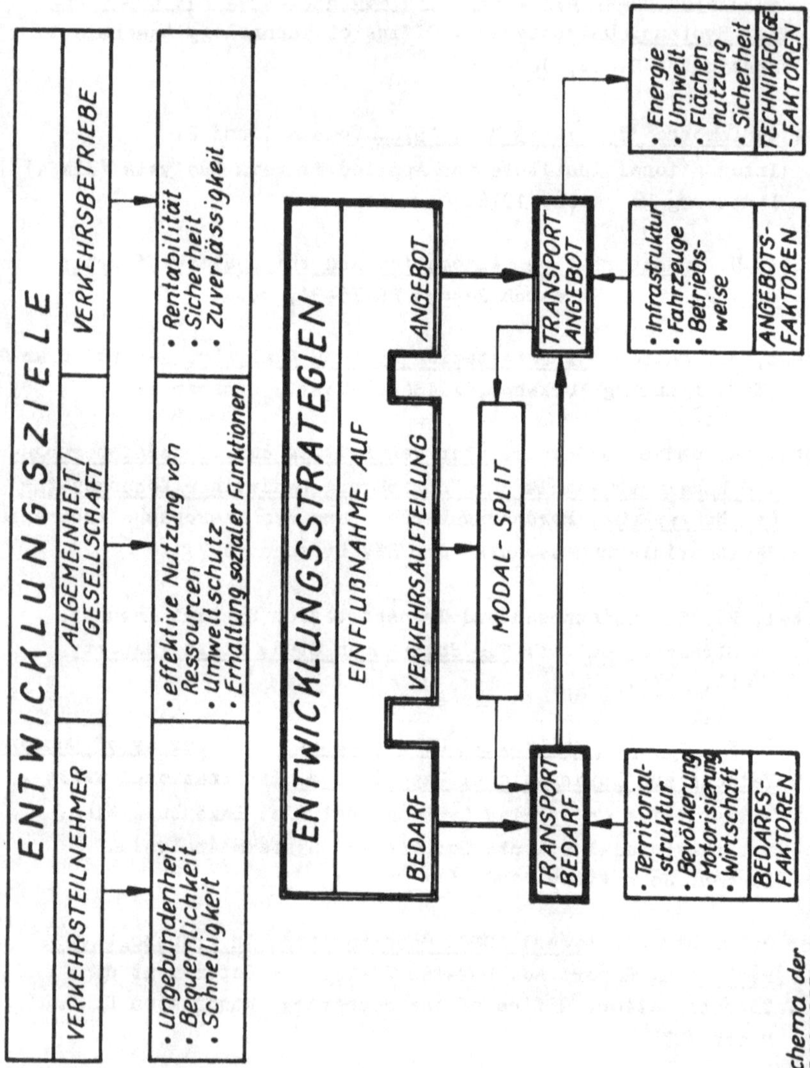


Bild 1
Arbeitsschema der VERKEHRSSYSTEMANALYSE

Bild 2 Lang-, mittel- und kurzfristig wirksam werdende Strategien für eine koordinierte Stadt- und Verkehrsentwicklung

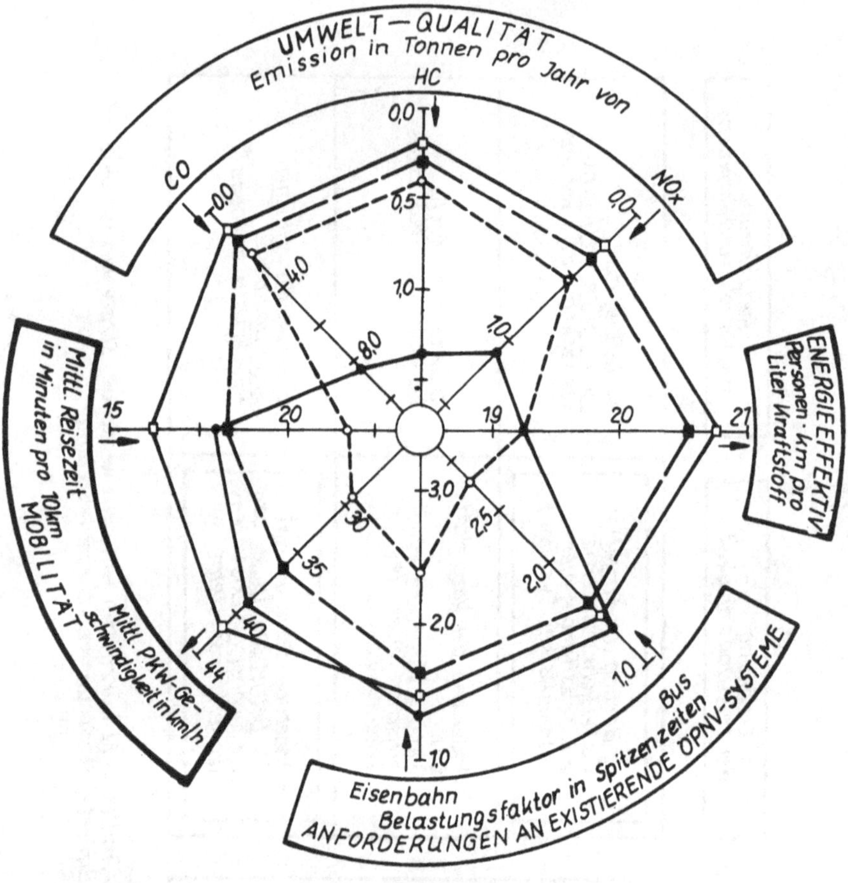


*Bild 3 Zustand des städtischen Verkehrssystems*

- ●—●—● im ersten Jahr
- ○-○-○ im 17-ten Jahr ohne Einsatz neuer Systeme (STRATEGIE I)
- ■-■-■ bei Einsatz von PRT-Systemen (STRATEGIE II)
- □-□-□ bei zusätzlichem Einsatz von Elektroautos und Routenleitsystemen für den Straßenverkehr (STRATEGIE III) (vgl. TSUCHIYA, u.a. (1976))

# DIGITALE SIMULATION KOMBINIERTER SYSTEME

Fischer, J.: Humboldt-Universität zu Berlin, Sektion Mathematik
Gerhardt, H.-D.: Humboldt-Universität zu Berlin, Sektion Mathematik
Schwarze, G.: Humboldt-Universität zu Berlin, Sektion Mathematik
Tarlós, B.: Karl-Marx-Universität Budapest, Mathematisches Institut
Voss, M.: Humboldt-Universität zu Berlin, Sektion Mathematik

## 1. Einleitung

Die Problemlösungsmethode digitale Simulation mittels Rechenautomaten setzt sich immer mehr in der Praxis durch. Entwickelte Simulationssysteme unterstützen dabei den Anwender. Bisher standen uns in der DDR nur digitale Simulationssysteme entweder für diskrete oder für kontinuierliche mathematische Modelle zur Verfügung /1,2/. International wurden schrittweise Softwareentwicklungen realisiert, die auf bestimmte kombinierte mathematische Modelle abgestimmt sind, d.h. solche Modelle, die sowohl diskrete als auch kontinuierliche Teilmodelle und Wechselwirkungen zwischen diesen Teilmodellen zulassen. Erstmalig wurde daher auch die Problematik der kombinierten digitalen Simulationssysteme in einem Plenarvortrag auf der 6. Jahrestagung "Grundlagen der Modellierung und Simulationstechnik" 1977 behandelt /3/. Kombinierte Simulationssysteme wurden Gegenstand einer Problemdiskussion auf dem 2. Kolloquium Simulation /2/ und in einem Vortrag auf der 3. Tagung der Ingenieurhochschule Köthen /4/. Bereits auf der 7. Jahrestagung "Grundlagen der Modellierung und Simulation" konnte eine spezielle Vortragssektion "Digitale Simulation kombinierter Systeme" gebildet werden, in der 5 Fachvorträge zu dieser Problematik gehalten wurden. Dieser Beitrag gibt den wesentlichen Inhalt dieser Vorträge in zusammengefaßter Form wieder.

## 2. Die Entwicklung kombinierter Simulationssysteme im internationalen Rahmen

Durch die rasche Zunahme der Komplexität und Kompliziertheit der zu simulierenden Prozesse und Systeme spielt neben der Entwicklung und Anwendung digitaler kontinuierlicher Simulationssysteme und digitaler diskreter Simulationssysteme heute auch die Entwicklung und Anwendung digitaler kombinierter Simulationssysteme zur Simulation von Originalsystemen, von denen kombinierte mathematische Modelle aufgestellt worden sind, eine bedeutende Rolle.

1968, als die Diskussion über Sinn und Notwendigkeit eines kombinierten Simulationssystems noch voll im Gange war, konnte das erste kombinierte Simulationssystem System Simulation Language (SSL) - eine Erweiterung von Continuous System Simulation Language (CSSL) - vorgestellt werden. Es war damit der praktische Beweis erbracht, daß die Vereinigung zweier verschiedener Modellphilosophien durchaus möglich ist. Schon bald stellte sich heraus, daß der Einsatz kombinierter Simulationssysteme nützlich, praktisch und ökonomisch ist. An vielen Hochschulen des Auslandes sind kombinierte Simulationssysteme verfügbar, und in die Ausbildung von Simulationisten sind Kenntnisse über kombinierte Simulationssysteme eingeschlossen.

Bevor auf einige kombinierte Simulationssysteme konkret eingegangen werden soll, muß noch der oben verwendete Begriff kombiniertes mathematisches Modell näher erläutert werden. Dazu wird eine Klassifizierung von mathematischen Modellen bezüglich der Trajektorien der modellbeschreibenden Variablen durchgeführt.

Ein mathematisches Modell heißt kontinuierlich, wenn sich alle Trajektorien der modellbeschreibenden Variablen kontinuierlich ändern. Ein kontinuierliches Modell muß also auch eine kontinuierliche Zeitbasis besitzen. Modelle, die durch gewöhnliche und/oder partielle Differentialgleichungen beschrieben werden, sind kontinuierlich.

Ein mathematisches Modell heißt diskret, wenn sich alle Trajektorien der modellbeschreibenden Variablen diskret (sprunghaft) ändern, wobei in jedem endlichen Zeitintervall nur eine endliche Anzahl von solchen diskreten Änderungen eintreten dürfen. Diskrete mathematische Modelle können eine kontinuierliche Zeitbasis (z.B. diskrete Ereignismodelle, Warteschlangenmodelle), eine diskrete Zeitbasis (z.B. Modelle, die durch Differenzengleichungen beschrieben werden, endliche Zustandsmodelle, Markovsche Ketten) oder eine gemischt kontinuierlich/diskrete Zeitbasis besitzen, d.h. das mathematische Modell besteht aus Teilmodellen mit kontinuierlicher Zeitbasis und aus Teilmodellen mit diskreter Zeitbasis.

Ein mathematisches Modell heißt kombiniert, wenn sowohl kontinuierliche als auch diskrete Teilmodelle vorkommen. Daraus ergibt sich sofort, daß die Zeitbasis kombinierter mathematischer Modelle entweder kontinuierlich oder gemischt kontinuierlich/diskret ist.

Allgemein kann man so vorgehen, daß ein kombiniertes mathematisches Modell, das simuliert werden soll, in die folgenden drei Hauptbestandteile zerlegt wird:

1. ein kontinuierlicher Bestandteil, der alle kontinuierlichen Teilmodelle einschließlich ihrer Wechselwirkungen untereinander enthält
2. ein diskreter Bestandteil, der alle diskreten Teilmodelle einschließlich ihrer Wechselwirkungen untereinander enthält
3. ein Bestandteil, in dem alle Bedingungen für die Wechselwirkungen zwischen (1.) und (2.) und umgekehrt formuliert sind.

Dementsprechend enthält ein allgemeines kombiniertes Simulationssystem sowohl wesentliche Bestandteile eines kontinuierlichen Simulationssystems als auch eines diskreten Simulationssystems. Außerdem existieren Algorithmen, durch die die Wechselwirkungen zwischen kontinuierlichen und diskreten Bestandteilen des Modells realisiert werden. So kann z.B. während eines Simulationslaufes die Abarbeitung des kontinuierlichen Bestandteiles unterbrochen und mit der Abarbeitung im diskreten Bestandteil fortgesetzt werden.

Die übergroße Mehrheit der bisher entwickelten kombinierten Simulationssysteme hat eine allgemeinere höhere Programmiersprache als Basissprache. Hier kann nur auf einige wenige kombinierte Simulationssysteme eingegangen werden. Eine umfassende Übersicht findet man in /5/.

GASP IV /6/ (General Activity Simulation Program IV) ist eine Erweiterung der diskreten Simulationssprache GASP II. Es scheint das zur Zeit in der westlichen Welt am meisten angewandte kombinierte Simulationssystem zu sein. Eingeführt im September 1973 war es bereits im Oktober 1974 in über 75 Computersystemen implementiert. Ein GASP IV-Programm besteht aus zwei Teilen, der erste Teil ist vom Anwender zu schreiben, den zweiten Teil liefert das System.

Kontinuierliche Teilmodelle können in Form gewöhnlicher Differentialgleichungen aufgestellt werden, die Aufstellung diskreter Teilmodelle erfordert die Definition aller Ereignisse und die Zusammenhänge, in denen sie vorkommen können, außerdem sind die Möglichkeiten von Veränderungen als Resultat von diskreten Ereignissen anzugeben.

GASP IV stellt Mittel zur Verfügung, um die Wechselwirkungen zwischen diskreten und kontinuierlichen Teilmodellen leicht modellieren zu können.

GASP IV ist in ANSI FORTRAN geschrieben, es steht aber auch eine PL/1-Variante bereit. Inzwischen existiert auch eine interaktive Variante von GASP IV.

NGPSS /7/ (Norden's General Purpose Simulation Language) ist eine Erweiterung von GPSS V. NGPSS ist interaktiv und stellt sich dem Nutzer als eine Vereinigung der Möglichkeiten von GPSS und CSMP dar. Eine Kopplung mit FORTRAN, COBOL und PL/1 ist möglich.

CADSIM /8,9/ (Continuous and Discrete Simulation) stellt eine Erweiterung der SIMULA 67 Klasse SIMULATION dar. Es wurde 1975 entwickelt.

Kontinuierliche Teilmodelle müssen als System von gewöhnlichen expliziten Differentialgleichungen 1. Ordnung in Form von Anfangswertaufgaben beschrieben werden. Für die Aufstellung diskreter Teilmodelle stehen vollständig die mit der SIMULA 67 Klasse SIMULATION eingeführten Hilfsmittel zur Verfügung. Die Hilfsmittel zur Definition der gewünschten Wechselwirkungen zwischen den Teilmodellen sind ebenfalls vorhanden.
SAINT /10/ (System Analysis of Integrated Networks of Tasks) wurde 1974 der Öffentlichkeit vorgestellt. SAINT ist in ANSI FORTRAN IV geschrieben, wesentliche Anwendungsgebiete sind die Planung und Analyse von komplexen Mensch-Maschine-Systemen.

Die Modelle werden in Form eines Netzwerkes aufgestellt. Kontinuierliche Teilmodelle müssen entweder als System von Differentialgleichungen erster Ordnung oder als Differentialgleichungen höherer Ordnung in kanonischer Form geschrieben werden. Die Aufstellung diskreter Teilmodelle erfolgt in Form eines Netzwerkes, das aus Zweigen und Knoten besteht, wobei jeder Knoten ein "task" darstellt. Tasks sind in SAINT beschrieben durch eine Menge von Charakteristika wie Arbeitszeit des task, Priorität, zu liefernde Statistiken, Ressourcenanforderungen. Zusätzliche Eigenschaften können für jedes task vom Nutzer definiert werden. Die die Knoten verbindenden Zweige stellen Vorrangrelationen für die durch das System fließenden Informationen dar. Jede Information kann nutzerdefinierte Attribute enthalten. Die Vorrangrelationen können determiniert, stochastisch oder bedingungsabhängig sein. Es existieren spezielle tasks für den Anfang (scource task), für das Ende (sink task) und für die Sammlung statistischer Daten an beliebiger Stelle im Netzwerk (statistic task). Die für die Wechselwirkung zwischen kontinuierlichen und diskreten Teilmodellen notwendigen Konzepte sind ebenfalls in SAINT enthalten.

NEDIS /11/ (Nepreryvno-diskretnyje sistemi) ist ein in der UdSSR entwickeltes kombiniertes Simulationssystem auf der Basis einer eingeschränkten Version von SIMULA 67. NEDIS, auf der BESM6 implementiert, steht seit 1975 zur Verfügung. Die Aufstellung kontinuierlicher Teilmodelle erfolgt gleichungsorientiert, für die Beschreibung diskreter Teilmodelle stehen eine Reihe von GPSS-ähnlichen Blöcken zur Verfügung.

Auf der Basis kombinierter Simulationssysteme wurden in den letzten Jahren eine Reihe von sachgebietsorientierten Simulationssystemen entwickelt, wodurch die Zeit für die Entwicklung und Implementation solcher Systeme wesentlich gesenkt werden konnte. Als Beispiel soll hier das in den USA auf der Basis von GASP IV entwickelte sachgebietsorientierte Simulationssystem CROPS /12/ (CROP-Simulation) stehen, das der Simulation von Wachstumsprozessen auf Feldern mit dem Ziel dient, Aussagen über die Akkumulation von Biomasse zu erhalten.

In der DDR wird an zwei kombinierten Simulationssystemen gearbeitet, wobei SIMKOM-F /13,14/, ein auf der Basis von FORTRAN IV entwickeltes kombiniertes Simulationssystem, ab Mitte 1979 zur Verfügung steht.
Die Basissprache des sich ebenfalls in Entwicklung befindlichen kombinierten Simulationssystems SIMKOM-S /15/ ist SIMULA 67. SIMKOM-S wird in einer ersten Ausbaustufe ab Mitte 1980 genutzt werden können.

# 3. Kombinierte Simulationssysteme auf SIMULA-Basis

## 3.1. SIMULA-Möglichkeiten für die Systementwicklung

In den letzten Jahren entstanden eine Reihe von Simulationssystemen auf der Basis von SIMULA-67 - einer Sprache, die in zunehmenden Maße für die Entwicklung von Simulationssoftware genutzt wird. SIMULA-67 ist als allgemeine höhere Programmiersprache dadurch charakterisiert, daß ALGOL-6o im wesentlichen enthalten ist. Darüber hinaus gehören Strukturen und Standardprozeduren zur Sprache, die den Aufbau von Simulationssystemen wirkungsvoll unterstützen. Die entscheidenden Vorzüge dieser Sprache bauen auf dem Klassenkonzept auf.

Unter einer Klasse versteht man in SIMULA-67 eine abstrakte Datenstruktur, die aus einer Datenmenge von Variablen unterschiedlichen Typs und einem Operationsteil besteht, welcher über dieser Datenmenge operiert. In einem SIMULA-Programm können derartige Klassenstrukturen deklariert werden. Ausgehend von einer solchen Deklaration lassen sich beliebig viele Kopien (Objekte der Klasse) erzeugen, die sich alle durch die gleiche Struktur der Daten auszeichnen, wobei die Werte der einzelnen Variablen durchaus verschieden sein können.

Zu der grundsäztlichen Möglichkeit des Aufbaus solcher Klassenstrukturen kommt hinzu, daß von bereits deklarierten Klassen sogenannte Unterklassen definiert werden können, die eine Erweiterung der Ausgangsklassen bezüglich der Datenmenge und des Operationsteils darstellen. Weiterhin ist es möglich, im Datenteil einer beliebigen Klasse lokale Prozeduren und lokale Klassen zu deklarieren.

Die Sprache SIMULA-67 enthält bereits standardmäßig zwei Klassen (sogenannte Systemklassen), wobei die eine für die Simulation zeitdiskreter Systeme genutzt werden kann. Diese Systemklasse hat den Namen SIMULATION. Versieht der Anwender sein Programm mit dem Präfix SIMULATION, kann er alle Variablen, Prozeduren und Klassen der Systemklasse SIMULATION in seinem Programm verwenden, ohne sie selbst deklariert zu haben. Das entscheidene für den Aufbau von Simulationssystemen auf SIMULA-Basis besteht darin, daß der Anwender die Möglichkeit hat, die lokalen Klassen von SIMULATION zweckbestimmt in Form von Unterklassen zu erweitern. Von einem Simula-

tionssystem, das wie SIMULATION als Klasse realisiert wurde, lassen sich damit die Module des Systems zweckbestimmt und problemabhängig aufstocken. Dabei können sowohl die Variablenmengen als auch die Operationsregeln erweitert werden.
Das Klassenkonzept wird weiterhin durch die Deklarationsmöglichkeit von virtuellen Prozeduren unterstützt. Der Anwender von SIMULA-67 (Nutzer eines SIMULA-Simulationssystems) ist damit in der Lage, Algorithmen, die als Prozeduren realisiert sind, in den Unterklassen der Systemmodule auszutauschen, ohne einen Eingriff in das Simulationssystem selbst vornehmen zu müssen.
Auf der Grundlage des Klassenkonzeptes und der Systemprozeduren DETACH und RESUME lassen sich in SIMULA-67 Programmteile (Programmteil = Operationsmenge eines Klassenobjektes) quasiparallel ausführen. Dieses Konzept prägt die Modellphilosophie von SIMULA-67 grundlegend. Prozesse der Realität, die sich durch die zeitliche Veränderung ihrer beschreibenden Zustandsgrößen chrakterisieren lassen, können sehr bequem mit SIMULA modelliert werden, so daß die Analogie zwischen ORIGINAL - MODELL - RECHENMODELL für den Anwender bezüglich der Struktur und der Wechselwirkung der Prozesse erhalten bleibt. Die quasiparallele Ausführung, die implizit die Wechselwirkung der Prozeßkomponenten beinhaltet, wird vom System (Klasse SIMULATION) selbst gesteuert. Der Anwender hat im Operationsteil der einzelnen Prozesse lediglich den Start, das Ende und mögliche Zustandsänderungen gekoppelt mit zeitlichen Verzögerungen des Prozesses festzulegen. Vom Prinzip her läuft dann die Steuerung der quasiparallelen Ausführung wie folgt ab:

> Ein Prozeß befindet sich in der Ausführungsphase seiner Operationsregeln. Der Zeitpunkt wird durch den Wert der Systemzeituhr wiedergegeben. Zu diesem Zeitpunkt werden also die Zustandsgrößen des Prozesses verändert. Tritt jetzt eine Zeitverzögerung bei der Ausführung der Operationen auf, wird die weitere Abarbeitung dieser Prozeßkomponente unterbrochen. Der neue Aktivierungszeitpunkt wird bestimmt, und entsprechend dieses neuen Wertes wird die Prozeßkomponente in dem Terminkalender, der zur eindeutigen Festlegung der Ausführungsfolge aller erzeugten Prozesse dient, chronologisch eingeordnet. Die automatische Steuerung setzt dann die Ausführung derjenigen Prozeßkomponente fort, die den ersten Eintrag im Termin-

kalender darstellt. Zuvor wird die Systemzeituhr auf dessen Aktivierungszeitpunkt weitergestellt.

Die Steuerung der quasiparallelen Ausführung von Prozeßkomponenten ist also offensichtlich der Simulation von zeitdiskreten Systemen angepaßt.

Die Systemklasse SIMULATION läßt sich jedoch so zu einer Unterklasse erweitern, daß die Simulation von sowohl zeitdiskreten als auch von zeitkontinuierlichen Vorgängen wirkungsvoll unterstützt wird. Und zwar wurde CADSIM als eine solche Unterklasse zur Simulation kombinierter Systeme von R.J.W. Sim konzipiert /8/. CADSIM benutzt die gleiche Steuerung zur Ausführung von diskreten und von kontinuierlichen Prozeßkomponenten. Ein kontinuierlicher Prozeß ist dadurch gekennzeichnet, daß sich dessen Zustandsgrößen zeitkontinuierlich verändern. Im Rechenmodell wird jedoch der kontinuierliche Prozeß durch einen diskreten Prozeß approximiert. So läßt sich aus der Kenntnis des zeitlichen Verlaufsder kontinuierlichen Zustandsgrößen bis zu einem diskreten Zeitpunkt die Veränderung der Zustandsgrößen in einer " kurzen " Zeitspanne (Integrationsschrittweite) mit einem numerischen Integrationsverfahren näherungsweise bestimmen. Das heißt, daß der kontinuierliche Prozeß im Terminkalender um den Wert der Integrationsschrittweite zeitlich verzögert werden kann. Diskrete und kontinuierliche Prozesse werden in der quasiparallelen Steuerung als gleiche Komponenten betrachtet, die sich nur dadurch unterscheiden, daß die Art und Weise der Veränderung der Zustandsgrößen zu den diskreten Zeitpunkten unterschiedlich erfolgt.

CADSIM unterstützt die Simulation von solchen kombinierten Modellen, in denen die kontinuierlichen Teilsysteme durch Systeme gewöhnlicher expliziter Differentialgleichungen 1. Ordnung in Form von Anfangswertaufgaben beschrieben werden. In CADSIM steht der Runge-Kutta-Merson-Algorithmus mit automatischer Schrittweitensteuerung als numerischesIntegrationsverfahren zur Verfügung. Dieses Verfahren kann jedoch in jeder kontinuierlichen Prozeßkomponente gegen ein anderes (vom Nutzer vorgegebenes) ausgetauscht werden. Des weiteren ist es möglich, von jedem kontinuierlichen Teilsystem eine seperate Datensammlung der zeitlichen Verläufe der Zustandsgrößen vorzunehmen, um Kurvendrucke und Phasenverläufe am Ende des Simulationslaufes vom System anzufordern. Eine ausführliche Analyse von

CADSIM und Anwendungsbeispiele dieses Simulationssystems findet man in /9/.

3.2. Das Experimentalsystem SIMKOM-S

SIMKOM-S (Simulation kombinierter Modelle-SIMULA) ist ein weiteres kombiniertes Simulationssystem auf der Basis von SIMULA-67. SIMKOM-S zeichnet sich von den bisherigen kombinierten Simulationssystemen auf SIMULA-Grundlage dadurch aus, daß die Modellbeschreibung für den Anwender blockorientiert vorgenommen werden kann. Damit wird einem breiten Anwenderkreis Rechnung getragen. Der Nutzer eines kontinuierlichen blockorientierten Systems wie BORIS /2/ kann seine Denkweise im kombinierten Fall in vielen Komponenten beibehalten. Die existierenden Unterschiede ergeben sich dadurch, daß SIMKOM-S als Unterklasse von SIMULATIONaufgebaut wurde, um die Vorzüge der quasiparallelen Ausführung von Programmteilen im kombinierten Fall zu nutzen.
In einer ersten Ausbaustufe von SIMKOM-S wird zunächst die blockorientierte Modelldarstellung für kontinuierliche Systeme unterstützt. In einer weiteren Stufe soll ein Blockkonzept für die diskreten Teilsysteme geschaffen werden.
Aufgrund der vielfältigen Mittel, die SIMULA-67 bietet, zu der auch eine großzügige Textverarbeitung zählt, konnte auf einen Precompiler verzichtet werden.
SIMKOM-S bietet in seiner ersten Stufe dem Anwender die Möglichkeit, verschiedene voneinander unabhängige kontinuierliche Teilsysteme aufzubauen, wobei die einzelnen Teilsysteme quasiparallel (also auch quasiparallel zu den diskreten Prozessen) ausgeführt werden. Die Formulierung der mathematischen Zusammenhänge der Zustandsgrößen der einzelnen kontinuierlichen Teilprozesse wird durch den Nutzer durch Angabe von mathematischen Blöcken und deren Kopplungen untereinander realisiert.
Vom System wird automatisch eine Blocksortierung durchgeführt, und zwar zu Beginn und bei jeder Unterbrechung des Simulationslaufes mit Strukturänderung des Rechenmodells.
Ein interessanter Aspekt bei SIMKOM-S besteht darin, daß die Blöcke in jedem Zeitschritt nicht einmalig abgearbeitet werden, sondern in einer solchen Reihenfolge (mit eventuellen Wiederholungen) ausgeführt werden, als wenn auf das System von Differentialgleichungen

1. Ordnung, welches dem kontinuierlichen Teilsystem entspricht, ein zentrales Integrationsverfahren (in Form eines Einschrittverfahrens mit Zwischenschritten) angewendet wurde. Diese Vorgehensweise erwies sich als sehr sinnvoll, zumal dieses Integrationsverfahren mit automatischer Schrittweitensteuerung versehen werden konnte. Desweiteren lassen sich nun auch Integrationsverfahren entsprechend der Struktur des kontinuierlichen Teilsystems auszutauschen (zum Beispiel im Steifheitsfall).
Zur Realisierung dieser Vorgehensweise war es notwendig, die Blöcke entsprechend ihrem Operationscharakter in vier verschiedene Listen und dort entsprechend ihrer mathematisch vorgeschriebenen Rechenreihenfolge zu sortieren. Der gesamte Blockvorrat wurde in vier Klassen eingeteilt. Als erstes bilden alle Blöcke eine Klasse, die einen konstanten Ausgang haben. Der zweiten Klasse gehören alle Blöcke an, die direkt von der aktuellen Systemzeit abhängig sind (z.B. Sinusgenerator). Die Integratoren und Totzeitblöcke bilden die dritte Klasse. Alle übrigen Blöcke (wie z.B. Summierer) stellen die vierte Klasse dar.
Die Angabe der Ausführung der einzelnen Blöcke aus den verschiedenen Listen wurde in einer Prozedur TAKEASTEP kodiert, das dem zentralen Integrationsverfahren entspricht. Diese Prozedur wurde als virtual spezifiziert und wird damit für den Nutzer austauschbar.

Die kontinuierlichen Prozesse können jedoch auch vom Nutzer direkt in Form von expliziten gewöhnlichen Differentialgleichungen wie in CADSIM kodiert werden.
Als Ausgabeunterstützung stehen dem Anwender Möglichkeiten zum Druck von Kurven und Phasenverläufen der Zustandsgrößen einzelner kontinuierlicher Teilsysteme zur Verfügung.

Ausführliche Informationen über das Simulationssystem SIMKOM-S sind in /15/ dargestellt.

# 4. Kombinierte Simulationssysteme auf FORTRAN-Basis

## 4.1. Das Experimentalsystem SIMKOM-F

SIMKOM-F (Simulation kombinierter Modelle - FORTRAN) ist ein in OS-FORTRAN geschriebenes Simulationssystem. SIMKOM-F besteht aus mehreren FORTRAN-Routinen, die folgende Aufgaben erfüllen:

1. Ereignissteuerung
2. Berechnung der Zustandsvariablen (gegebenenfalls mit Integration)
3. Informationsspeicherung und -bereitstellung
4. Initialisierung des System- und Modellzustandes
5. Datensammlung, Ereignisbericht und statistische Auswertung
6. Erzeugung von Zufallszahlen
7. Steuerung der Abarbeitung von Simulationsexperimenten.

Mit der einmaligen Aktivierung von SIMKOM-F kann eine Folge von Versuchen mit einem Modell automatisch abgearbeitet werden. Besonders werden Parameterstudien unterstützt.
Das Simulationsmodell wird in FORTRAN-Routinen codiert. Darüber hinaus muß der Nutzer dem System SIMKOM-F in Form von Datenkarten mitteilen, welche Ressourcen für die Modellberechnung benötigt werden (z.B. Anzahl der Warteschlangen, Anzahl der Gleichungen in den Gleichungssystemen usw.). Dies erschwert zwar die Modellierung, andererseits konnte aber so auf einen Precompiler verzichtet werden.
Die Modellbeschreibung in SIMKOM-F ist der in GASP-IV ähnlich /6/.
Gegenüber GASP-IV kann das kontinuierliche Teilmodell aus mehreren voneinander unabhängigen Gleichungssystemen bestehen. Jedes Gleichungssystem kann explizite Differentialgleichungen 1. Ordnung in Form von Anfangswertaufgaben enthalten. Die Gleichungssysteme werden unabhängig voneinander quasiparallel berechnet. Zur Lösung der Differentialgleichungen können verschie-

dene Integrationsverfahren eingesetzt werden. Die Integrationsverfahren arbeiten mit automatischer Schrittweitensteuerung.

Die Gleichungssysteme sollten aus numerischen Gründen nur durch Ereignisse miteinander in Wechselwirkung treten.

Das diskrete Teilmodell wird durch alle im Modell möglichen Ereignisse gebildet. Das Auftreten von Ereignissen kann an bestimmte Zeitpunkte (Zeitereignisse), die auch stochastisch ermittelt werden können, oder an das Erreichen bestimmter Zustände gebunden sein (Zustandsereignisse). Die Zeitereignisse müssen durch den Nutzer in einen Ereigniskalender eingetragen werden, damit die zentrale Steuerroutine zum richtigen Ereigniszeitpunkt zur Abarbeitung des Ereignisses verzweigt. Für die Zustandsereignisse muß der Nutzer die Zustandsbedingungen angeben, an die das Auftreten des Ereignisses gebunden ist. Die Zustandsbedingungen werden automatisch nach jeder Veränderung des Modellzustandes getestet, um so die genauen Ereigniszeiten zu ermitteln.

Das diskrete und kontinuierliche Teilmodell sind miteinander durch die Zustandsbedingungen und die Steuerung der Modellzeit gekoppelt.
Für die Auswertung der Modellberechnung stellt SIMKOM-F dem Nutzer umfangreiche Möglichkeiten zur Verfügung. Während der Modellberechnung werden Daten über alle Größen, die der Nutzer angibt, gesammelt. Dazu werden externe Dateien benötigt. Für die Ausgabe der gesammelten Werte kann der Nutzer zwischen folgenden Möglichkeiten wählen:

1. Ausgabe aller gesammelten Daten in Form von Tabellen
2. Ausgabe ausgewählter Größen in Form von Tabellen und/oder Kurven und Ausgabe statistischer Auswertungen.

Zusätzlich besteht die Möglichkeit, die Ausgabedaten in einer nutzereigenen Ausgaberoutine aufzubereiten.

Weitere Informationen über das Simulationssystem SIMKOM-F findet man in /13, 14/.

## 4.2. Das System FOCUS

Informationen über die Simulation mit dem in der UVR (Karl-Marx-Universität Budapest) in Entwicklung befindlichen FOCUS-System wurden bereits 1977 /16/ gegeben. Die Weiterentwicklung von FOCUS (FORTRAN Oriented Control and Universal Simulator) kann wie folgt charakterisiert werden:
Die FOCUS-Sprache soll folgenden Anforderungen genügen:

- In ihren Grundzügen soll die Sprache auf diskrete Modelle abgestimmt sein, zusätzlich aber (in begrenztem Maße) die Beschreibung kontinuierlicher Teilmodelle zulassen. (Damit ist FOCUS als ein kombiniertes Simulationssystem klassifizierbar).
- Das System soll solche Möglichkeiten zur Modellierung von ökonomischen, betriebswirtschaftlichen Prozessen besitzen, die die bisher bei Simulationssprachen gewohnte Unterstützung des Anwenders beim Modellierungsprozeß übersteigt.
- Die Sprache soll leicht zu verändern, zu erweitern, zu adaptieren sein bzw. soll speziellen Benutzungsansprüchen entsprechend umgestaltet werden können.

Die zentrale Steuerung des Systems FOCUS ist primär auf folgende Aktivitäten ausgerichtet:

- ereignisorientierte Darstellung des Systems
- Zeitsteuerung
- Speichern von Informationen und Lesen derselben
- Sammlung, Aufbereitung und Druck der Ergebnisstatistik
- Fehlersuche
- zu verschiedenen Wahrscheinlichkeitsverteilungen werden Zufallszahlengeneratoren bereitgestellt.

Das System FOCUS befindet sich noch in der Entwicklung. Weitergehende anwenderorientierte Informationen nach dem derzeitigen Stand können /17/ entnommen werden.

## 5. Abschließende Bemerkungen

Aus Vorträgen und Diskussionen auf dieser Tagung wie auf vorangegangenen wissenschaftlichen Veranstaltungen /2, 4/ kann die Schlußfolgerung gezogen werden, daß sich parallel mit der Entwicklung der Software auch das Aufstellen von und Denken in kombinierten Modellen durchsetzen muß. Bisher hat man ja stets versucht, sich bereits bei der Aufstellung von Modellen entweder am diskreten oder am kontinuierlichen Fall zu orientieren. Die hier beschriebenen Softwareentwicklungen werden im Rahmen der Hochschulforschung realisiert und sollen selbst wieder der weiteren Forschung und Lehre dienen. In diesem Sinne sind sie Experimentalsysteme und in der derzeitigen Version auf die Stapelverarbeitung abgestimmt.

## 6. Literatur

/1/ N.N.: rechentechnik/datenverarbeitung, beiheft 3/1978 Simulation diskreter Prozesse - Grundlagen - Systemunterlagen - Anwendungen.

/2/ N.N.: Digitale Simulation mittels Rechenanlagen des ESER. 2. Kolloquium über Simulation, Berlin 1978. ZfR-Informationen 78.08

/3/ Schwarze, G.: Kombinierte Simulationssysteme. msr 22(1979) H. 2, S. 97-101

/4/ Gerhardt, H.-D.: Kombinierte Simulationsmodelle und kombinierte Simulationssysteme. Köthen: 3. Tagung der Abt. Mathematik/Rechentechnik Oktober 1978, im Druck.

/5/ Ören, T.I.: Software for Simulation of Combines Continuous and Discrete Systems: a State-of-the-Art Review. Simulation 28 (2) 1977, pp. 33-45

/6/ Pritsker, A.A.B.: The GASP IV Simulation Language. Wiley-Interscience New York 1974

/7/ Katzke, J.: User's Guide to NGPSS: Superset of GPSS V for Batch and Interactive Version. Norden Report 4059 R 0001 Norwalk, Connecticut 1975, 134 pp.

/8/ Sim, R.J.W.: CADSIM-Users Guide and Reference Manual. Imperical College London (75/23)

/9/ Fischer, J.: CADSIM-Continuous and Discrete Simulation Ein digitales Simulationssystem zur Behandlung kombinierter Systeme. Diplomarbeit, Berlin 1978

/10/ Pritsker, A.A.B.; Wortman, D.B.; Chubb, G.P.; Seifert, D.J.: SAINT: Systems Analysis of Integrated Networks of Tasks. Proceedings at the Fifth Annual Pittsburgh Conference on Modelling and Simulation, Pittsburgh 1974

/11/ Glushkow, V.M.; Gusev, V.V.; Marjanovitch, T.P.; Sachujuk, M.: Programming Methods for Modelling Combined Continuous-Discrete Systems. Kiev Scientific Proceedings 1975

/12/ Miles, G.E.; Peart, R.M.; Pritsker, A.A.B.: CROPS: A GASP IV based crop simulation language. Proceedings of the 1976 Summer Computer Simulation Conference Washington DC.

/13/ Beeskow, S.; Benke, H.; Kietzer, S.; Voß, M.: Das Simulationssystem SIMKOM-F, Diplomarbeit 1979 an der Humboldt-Universität zu Berlin

/14/ Fischer, J.; Gerhardt, H.-D.; Schwarze, G.; Voß, M.: SIMKOM-F und EXCADSIM - zwei sich in der Entwicklung befindliche kombinierte Simulationssysteme. msr 23(1980), in Vorbereitung

/15/ Fischer, J.; Gerhardt, H.-D.; Schwarze, G.; Voß, M.: Notwendigkeit und Möglichkeiten zur digitalen Simulation kombinierter mathematischer Modelle, 24. Internationales Wissenschaftliches Kolloquium, Ilmenau 1979, im Druck

/16/ Tarlós, B.: Simulation von Bedienprozessen unter Anwendung des FOCUS-Systems. Rostocker Betriebswirtschaftliche Manuskripte H. 20, S. 135-144. Universität Rostock 1977

/17/ Tarlós, B.: Simulationsmodellierung unter Anwendung des Systems FOCUS. msr 23(1980), in Vorbereitung

# STAND UND PERSPEKTIVEN BEI DER ANWENDUNG DER DISKRETEN DIGITALSIMULATION AUF TRANSPORT-, UMSCHLAG- UND LAGERUNGSPROZESSE

Krampe, H. Hochschule für Verkehrswesen "Friedrich List"
Dresden, Sektion Technische Verkehrskybernetik

## 1. Die Aktualität der Anwendung der diskreten Digitalsimulation auf TUL-Prozesse

Die Simulationstechnik hat sich einen festen Platz bei der modellmäßigen Funktionserprobung erobert. Mit Hilfe abstrakter Modelle gelingt es, Gewißheit über das Verhalten eines derartigen Systems zu gewinnen, d. h. die spezifische Systemfunktion kann überprüft werden. Aus technologischer Sicht genügt es dabei nachzuweisen, daß das zu untersuchende Transport-, Umschlag- und Lagerungs- (TUL)- System eine gegebene Aufgabenstellung mit bestimmter Wahrscheinlichkeit erfüllt und dabei vorgegebene qualitative und quantitative Toleranzgrenzen einhält.
Die Aktualität eines derartigen Vorgehens wird durch zwei Gründe mit großer volkswirtschaftlicher Tragweite bestimmt:

- Bestehende Anlagen zwingen zur ständigen Intensivierung der Fondsausnutzung. Dieses Bemühen darf nicht nur auf die Fertigungprozesse beschränkt bleiben, sondern muß sich insbesondere auch auf die Ver- und Entsorgungsprozesse beziehen. Die Erfassung der Stochastik der Transportprozesse, ihre qualitative und quantitative Beschreibung sind die objektive Voraussetzung für die weitere Erschließung von Reserven und damit auch für die Steigerung der Arbeitsproduktivität des gesamten betrachteten Objektbereiches.
- Die jüngste Entwicklung zeigt einen zunehmenden Wandel der Fertigungsprinzipien. So entwickelt sich die Nestmontage zu einer immer stärker anzutreffenden Form der Arbeitsteilung, an die größere Erwartungen bezüglich der Effektivitätssteigerung, der Persönlichkeitsförderung und der Verbesserung des

Arbeitsinhalts geknüpft werden. So werden z. B. Montagenester in sich abgeschlossene und überschaubare Montageaufgaben realisieren.Die verschiedenen Nester sind deutlich gegeneinander abgegrenzt. Zwischen ihnen besteht nicht die zeitliche und oganisatorische Abhängigkeit, die für die Fließfertigung charakteristisch ist. Außerdem ist das Prinzip der Nestmontage sehr flexibel gegenüber veränderlichen Produktionsaufgaben. Für den Transportingenieur erwachsen allerdings neue Aufgabenstellungen in der Form, daß jedes Montagenest mit einem verhältnismäßig großen Teilesortiment versorgt werden muß. Diese Tatsache führt in allen Wirtschaftsbereichen zu neuen Transport- und Lagersystemen, die sehr leistungs- und anpassungsfähig sein müssen. In diesem Zusammenhang gewinnen Doppelbahnkreisförderer, Elektrohängebahnen und leitliniengesteuerte Flurfördermittel eine zunehmende Bedeutung. Bei der Bemessung derartiger Systeme spielt die Stochastik ebenfalls eine große Rolle.

## 2. Allgemeine Problemstellung

Jedes Transportsystem besteht aus einer strukturierten Menge von Elementen (Bild 1). Zwischen den Elementen bestehen also Kopplungen, über welche die Wirkungen der Elemente auf die Umgebung realisiert werden. Die sog. festen Systemelemente besitzen bestimmte Eigenschaften (vgl. Bild 2) und gewährleisten somit eine bestimmte Funktion des Systems auf der Grundlage einer vorgegebenen Technologie. Träger dieser Wirkungen sind bewegliche Elemente oder Aktivatoren in Form von Transporteinheiten im allgemeinsten Sinne.
Die Aufgabenstellung eines TUL-Prozesses wird durch einen Anfangs- und Endzustand charakterisiert. Diese Zustände werden nach Gutsorte, -menge, Ort und Zeitpunkt eindeutig bestimmt. Die Aufgabe besteht für einen konkreten Fall darin, den Arbeitsgegenstand mit Hilfe gegebener Arbeitsmittel vom Anfangszustand A in einen gewünschten Endzustand E zu transformieren,

wobei dieser Vorgang mit

$$\underline{E} = T(\underline{A})$$

in allgemeinster Form beschrieben werden kann. Der Transformationsoperator T wird durch eine Folge von Arbeitsoperationen festgelegt. Er kann für die einzelnen TUL-Prozesse sehr unterschiedlich sein. Daher sollte er Bezug auf bestimmte Optimalitätskriterien (z. B. geringster Aufwand an lebendiger Arbeit, bestmögliche Erhaltung der Gebrauchswerteigenschaften des Transportgegenstandes u. a.) und auf die Stabilität des TUL-Prozesses nehmen. Unterscheidbare Folgen von TUL-Operationen, die durch Art, Anzahl, Kopplungen und Abfolge determiniert sind, werden Technologie des jeweiligen TUL-Prozesses, der seinerseits die Gesamtheit der dynamischen Zustandsänderungen des Systems umfaßt, genannt.

Die Untersuchung der Kopplungsbedingungen ist eine wichtige Aufgabe der Transporttechnologen, da das Aufkommen und der Bedarf an Aktivatoren hinsichtlich der genannten quantitativen Bestimmungsmerkmale in der Regel nicht übereinstimmen. Aus diesem Grunde sind Elemente nötig, die einen zeitlichen und mengenmäßigen Ausgleich, also einen Entkopplungseffekt bewirken können. Solche Elemente sind Speicher- und Lagerelemente, die Aktivatoren stauen bzw. aufbewahren können. Sie werden in den aus Bild 3 ersichtlichen Fällen erforderlich.

Die Bemessung derartiger Stauräume ist eine wiederkehrende Aufgabenstellung bei der Untersuchung von Kopplungsbedingungen in Transportsystemen; denn Transportelemente ziehen bei fehlendem Output zwangsläufig ein Blockieren der Eingangskopplung, also einen Blockeffekt des betroffenen Elements, ja sogar ganzer Elementeketten nach sich.

Die Blockierungswahrscheinlichkeit kann mit Hilfe von Ansätzen der Bedienungstheorie bestimmt werden. Sie ergibt sich zu

$$p_B = 1 - \sum_{i=1}^{N} p_i ,$$

wobei $p_i$ die Zustandswahrscheinlichkeit dafür bedeutet, daß i Einheiten vor dem betrachteten Element auf Bedienung warten, und N die vorhandene Staukapazität ist.
Die Untersuchung derartiger Stauvorgänge, die Ermittlung der auftretenden Wartezeiten oder auch der erzielbare Durchsatz sind die wichtigsten Zielstellungen des Simulationsexperimentes. Unter Durchsatz wird hier die je Zeiteinheit von einem Systemelement bediente Gutmenge bzw. Stückzahl an Einheiten verstanden:

$$Q = \frac{1}{T_2 - T_1} \sum_{i=1}^{k} M_i \text{ bzw.}$$

$$Q(t) = \frac{1}{T_2 - T_1} \int_{T_1}^{T_2} S(t)dt.$$

Hierin bedeuten $T_1$, $T_2$ die Grenzen des betrachteten Zeitintervalls, $M_i$ die Gutmenge in den diskreten Zeitschritten (i=1(1)k) und S(t) die Stärke des Gutstroms.
Ein wichtiges Beurteilungskriterium bezieht sich auch auf die Stabilität des Prozesses in Bezug auf gegebene Führungsgrößen. Wie in allen dynamischen Systemen ist die Fähigkeit, die infolge von Störeinflüssen eingetretenen Abweichungen aus dem Gleichgewichtszustand zu kompensieren, entscheidend für das angestrebte Prozeßergebnis. [26]
Anhand der bei verschiedenen Transformationsbedingungen auftretenden Ergebnisse wurde bisher bei zahlreichen Anwendungsbeispielen die jeweilige Vorzugsvariante bestimmt.
Die mathematische Formulierung der Entscheidungsaufgaben für TUL-Prozesse ist unter Berücksichtigung der stochastischen Bedingungen noch nicht genügend bearbeitet. Sehr häufig wird mit einem Mittelwertkriterium gearbeitet. Es orientiert auf den Erwartungswert E(Z) der zufälligen Optimalitätsgröße Z=z(x). Danach ist diejenige Entscheidungsvariante $x^*$ optimal, die einen

minimalen Mittelwert für z innerhalb eines vorliegenden Entscheidungsfeldes $B_n$ ergibt:

$$E(z(x^*)) = \min \{E(z(x)) | x \in B_n\}$$

In zunehmendem Maße wird die Polyoptimierung für die Bewertung von Alternativvarianten auch bei transporttechnologischen Aufgaben angewandt [27].

3. Entwicklungsstand und offene Probleme

Gemessen an den Arbeiten im Wissenschaftsbereich Technologie des innerbetrieblichen Transports, Umschlags und der Lagerung der Hochschule für Verkehrswesen "Friedrich List" Dresden [1] bis [25] kann nunmehr auf eine achtjährige Erfahrung in der Anwendung der diskreten Simulation auf TUL-Prozesse zurückgeblickt werden. Dabei wurden die im Bild 4 dargestellten Arbeitsrichtungen verfolgt.
Die bisherigen Erkenntnisse besagen, daß sich die diskrete Simulation schon einen festen Platz im Rahmen der rechnergestützten Projektierung und Analyse von TUL-Prozessen erworben hat. Namentlich in Verbindung mit der Projektierung großer Zentrallager und von integrierten Fertigungsabschnitten tritt eine Fülle von Anforderungen auf, die neuerdings durch die Probleme der Steuerung einen zusätzlichen, nicht zu unterschätzenden Aspekt erhält. In diesem Zusammenhang tut sich eine empfindliche Schwachstelle bezüglich der Anwendung der Simulationstechnik in der Form auf, daß die Hochschuleinrichtungen diesen Anforderungen zumeist aus Kapazitätsgründen nicht gewachsen sind; denn die Praxis ist nur in Einzelfällen in der Lage, die bestehenden Anforderungen selbständig zu lösen. Es ergibt sich ein dringender Bedarf an Fachleuten mit aktiven Kenntnissen auf diesem Gebiet. Dem Anwender ist wenig gedient, wenn er Informationen über vorhandene Modelle vermittelt bekommt, die er dann ohnehin nicht einsetzen kann. Das Hochschul-

wesen hat sicher die große Verpflichtung, bei der raschen Vermittlung von einschlägigen Kenntnissen zu helfen. Dienstleistungsaufträge im großen Stil wird es allerdings kaum übernehmen können.
Im Prinzip hat sich gezeigt, daß alle auftretenden TUL-Prozesse simuliert werden können. Diese Feststellung bezieht sich nicht nur auf die Anwendung von PS SIMDIS, sondern auch auf den Einsatz von Modulen in einer problemorientierten Sprache. Aus dem Blickwinkel der Modellierung hat sich die Arbeit mit einer speziellen Simulationssprache sicher vorteilhaft bemerkbar gemacht. Für den Anwender haben sich allerdings mit der Jobsteuer-Sprache und den Steuerbefehlen außerhalb der allgemeinen Sprachelemente von PS SIMDIS neue Barrieren aufgetürmt. Wenn also ein weiterer Durchbruch erzielt werden soll, dann muß mehr für die Verbesserung der Anwenderfreundlichkeit getan werden. Dem Rechentechniker mögen diese Forderungen möglicherweise unverständlich erscheinen, für den Nutzer stellen diese Dinge allerdings grundsätzliche Entscheidungen über die Möglichkeit des Einsatzes der Rechentechnik dar.

Die Untersuchungen zur Abbildungsgenauigkeit [16] [18] werden nicht weitergeführt, da durch PS SIMDIS der Modellierungsaufwand deutlich gesunken ist und damit ein bestimmendes Motiv dieser Arbeiten nicht mehr existiert.

Welcher Nutzen konnte verzeichnet werden?
Die Simulationstechnik bewirkt eine Rationalisierung der Projektierung insofern, als eine Zeiteinsparung als Primärnutzen erzielt wird. Dieser Nutzen kann über die kostenmäßige Darstellung der eingesparten Projektierungsstunden bewertet werden. Die freigewordene Zeit wird erfahrungsgemäß für Variantenuntersuchungen und -vergleiche verwendet, welche nach konventioneller Art aus Zeitgründen nicht möglich wären.
Dadurch tritt eine Verbesserung der Projektqualität ein, deren Nutznießer der spätere Betreiber der Anlage ist. Es kann eine stabilere Arbeitsweise des projektierten TUL-Systems erwartet

werden. Die möglichen Schwachstellen sind bereits durch die Simulationsstudie erkannt und vielleicht sogar Abwehrstrategien oder Regeln für die Betriebsführung festgelegt worden. Dieser Nutzen kann als Sekundärnutzen bezeichnet werden und ist nur bei der Verbesserung bestehender Prozesse zu quantifizieren.

Welche offenen Probleme plagen den Anwender? Wo erwartet er prinzipielle Hilfe seitens der Experten?
Die diskrete Simulation stellt eine besondere Form des statistischen Experiments dar. Die Simulationsversuche liefern ein Lösungsfeld, aus dem eine Vorzugsvariante ausgewählt werden muß. Sie führt somit nicht zwangsläufig zu einer Optimallösung. Die Hauptform der Arbeit mit Simulationsmodellen wird also eine interaktive Methode bezüglich einer möglichst raschen Suche des Optimums sein müssen. Daraus ergeben sich folgende Konsequenzen:

- Entwicklung geeigneter Strategien für die Versuchsplanung und -durchführung
- Emtwicklung von Algorithmen zur Bewertung der Lösung
- Sicherung eines Dialogbetriebes auch bei Anwendung von PS SIMDIS

Nur auf diesem Weg können die Wirtschaftlichkeit der Simulationsmethode als Hilfsmittel ingenieurtechnischer Arbeiten gesichert und der Rechenzeitaufwand für die Simulationsexperimente in Grenzen gehalten werden.
Die Realisierung des Dialogs in der einfachsten Form über die Schreibmaschine oder sogar über ein interaktives Display könnte die Anwendungsbedingungen außerordentlich günstig beeinflussen und die praktischen Möglichkeiten der Simulationstechnik noch transparenter machen. Da bei der Simulation größerer Systeme eine Vielzahl von graphischen Informationen zu verarbeiten sind, sollte der Einsatz graphischer Ein- und Ausgabegeräte zunehmend in das Blickfeld rücken. Das Projekt hat seine vergegenständlichte Form hauptsächlich in der Projektzeichnung, die natür-

lich einen definierten statischen Zustand widerspiegelt. Es wäre wünschenswert, die Dynamik der Stoffströme beispielsweise im Lageplan zu zeigen, damit über eine intelligente Rückkopplung Rechner-Projektant effektivere brauchbare Lösungen herausgefiltert oder auch Engpässe rascher erkannt werden. Der Übergang von der statischen zu einer dynamischen Darstellungsweise sollte in den weiteren Überlegungen zur Verbesserung der Simulationstechnik nicht übergangen werden.
Sensibilität und Abbruchkriterien stehen in unmittelbarem Zusammenhang. In dieser Richtung wurden vor allem Untersuchungen an der Friedrich-Schiller-Universität Jena geführt, die auch in Form bestimmter Abbruchalgorithmen in PS SIMDIS inplementiert worden, so daß im weiteren auf diese Ergebnisse zurückgegriffen werden kann [28].

## 4. Zusammenfassung

Die diskrete Simulation hat ihre Bewährung im Rahmen der Projektierung von TUL-Prozessen in Form der modellmäßigen Funktionserprobung zur Dimensionierung und Abstimmung von Systemelementen durch vielfache Anwendung auf unterschiedliche Typen von Aufgabenstellungen bestanden. Der erreichte Stand wird eingeschätzt. Er gibt Veranlassung, die weitere Verbesserung der Anwenderfreundlichkeit der Simulationstechnik vor allem für interaktive ingenieurmäßige Arbeiten zu fordern.

Literatur

[1] Krampe, H.; Kubát J.; Runge, W.:
Bedienungsmodelle
In: Die Wirtschaft, Berlin 1974, und
Oldenbourg, R., München/Wien 1973

[2] Krampe, H.: Die Entwicklung von Programmbausteinen zur digitalen Simulation technologischer Grundprozesse in Anschlußbahnen.
Dresden, Hochschule für Verkehrswesen "Friedrich List", Diss. B 1973

[3] Krampe, H.: Anwendung der Digitalsimulation bei der Untersuchung von TUL-Prozessen.
Teil I: Grundlagen. HFö 13 (1973) 6, S. 171-175, Teil II: Anwendungsbeispiele. HFö 13 (1973) 7, S. 200 - 204

[4] Krampe, H.: Die Anwendung der Digitalsimulation zur Untersuchung von TUL-Prozessen
WZ Techn. Hochsch. Magdeburg 17(1963) 6, S. 631 - 633

[5] Krampe, H.; Kubát J.:
Die Anwendung der digitalen Simulation zur Analyse des fördertechnischen Prozesses.
a + cs, Budapest 18(1973)2, S. 39 - 43

[6] Krampe, H.: Simulationsmodell zur Bestimmung der Kapazität eines Lagers mit stochastischem Ein- und Ausgang.
Magazynowanie i Transport Towarow, Warschau 15(1973)3, S. 90 - 92

[7] Schmidt, K.; Krampe, H.:
Modellierung der technologischen Prozesse für Hochregallager
RGW-Bericht 1974

/ 8/ Bölt, H.-J.; Krampe, H.:
Analyse der Anwendungsmöglichkeiten der Simulationssprachen VOPS SIMDIS und GPSS für die Modellierung von TUL-Prozessen
RGW-Bericht 1974

/ 9/ Krampe, H.; Illhardt, H.; Ittlinger, F.:
FORTRAN-Bausteine zur digitalen Simulation
F/E-Bericht 1975

/10/ Krampe, H.; Schmidt, K.:
Anwendungsmöglichkeiten der Digitalsimulation für die Planung von Hochregallagern
Manipulace-Sladovani-Baleni, Prag 4(1975)10, S. 1 - 5

/11/ Krampe, H.; Lucke, H.-J.; Schmidt, K.:
Die Anwendung der Digitalsimulation bei der Untersuchung von TUL-Prozessen
WZ Hochsch. Verkehrsw. 22(1975)4/5, S.919-930

/12/ Krampe, H.; Lucke, H.-J.; Schmidt, K.:
Erfahrungen bei der Modellierung komplexer stochastischer Systeme, dargestellt am Beispiel von TUL-Systemen
In: Rechentechnik/Datenverarbeitung 13(1976) 3, S. 20 - 24

/13/ Krampe, H.; Schmidt, K.:
Zur Modellierung von Hochregallagern
Teil I: Grundlagen. HFö 17(1976) 1, S. 9-13
Teil II: Simulationsergebnisse HFö 16(1976) 3, S. 75 - 79

/14/ Lochmann, G.; Kühnel, A.:
Modell eines Doppelbahnkreisförderers F/E Bericht 1976

/_15_7 Krampe, H.; Thoma, K.:
Simulationsmodell für die Kommissionierung in einem Lager für Autoersatzteile
F/E-Bericht, 1976

/_16_7 Schmidt, K.:
Zur Modellierung von komplexen Transport-, Umschlag- und Lagersystemen, dargestellt am Beispiel von Hochregallagern
Dresden, Hochschule für Verkehrswesen "Friedrich List" Diss. 1976

/_17_7 Lucke, H.-J.:
Zur technologischen Funktionserprobung von Brückenkran-Systemen
Dresden, Hochschule für Verkehrswesen "Friedrich List", Diss. 1977

/_18_7 Schmidt, K.:
Probleme der Abbildungsgenauigkeit bei der Modellierung von TUL-Systemen
In: Technik 32(1977) 7, S. 387 - 389

/_19_7 Schmidt, K.:
Auswahl von Modellierverfahren für TUL-Systeme
HFö 17(1977) 4, S. 105 - 107

/_20_7 Krampe, H.; Lucke, H.-J.; Schmidt, K.:
Digitalsimulation in der Funktionserprobung bei Transport-, Umschlag- und Lagerprozessen
In: Deutsche Eisenbahntechnik 25(1977) 5, S. 192 - 194

/_21_7 Schmidt, K.:
Erforderliche Simulationsdauer in modellierten TUL-Prozessen
In: Technik 32 (1977) 9

[22] Dévai, J.: Modellierung von TUL-Systemen in Montageprozessen
HFö 17(1977) 6, S. 172 - 174

[23] Dévai, J.: Disponierte Ereignisschlange steuert Simulationsverlauf
In: rd 14(1977)6, S. 13 - 14

[24] Lochmann, G.:
Modellierung von Doppelbahnkreisförderern
WZ Hochsch. Verkehrsw. 25(1978)4, S.733-742

[25] Krampe, H.: Erkenntnisse bei der Anwendung der diskreten Digitalsimulation auf TUL-Prozesse
WZ Hochsch. Verkehrsw. 25(1978)4, S.725-731

[26] Eisold, H.; Krampe, H.:
Zur Zuverlässigkeit von TUL-Systemen
Tagungsbericht INFERT 78, TU Dresden

[27] Ander, Chr.; Illhardt, H.:
Polyoptimierung - eine neue Methode für die Transporttechnologie
WZ Hochsch. Verkehrsw. 25(1978)4, S. 695 - 705

[28] Schmelz, D.:
Algorithmische und Implementierungsgesichtspunkte zur Genauigkeitskontrolle statistisch bestimmter Simulationsresultate
ZfR - Information 77.08
Berlin, Akademie der Wissenschaften der DDR 1977

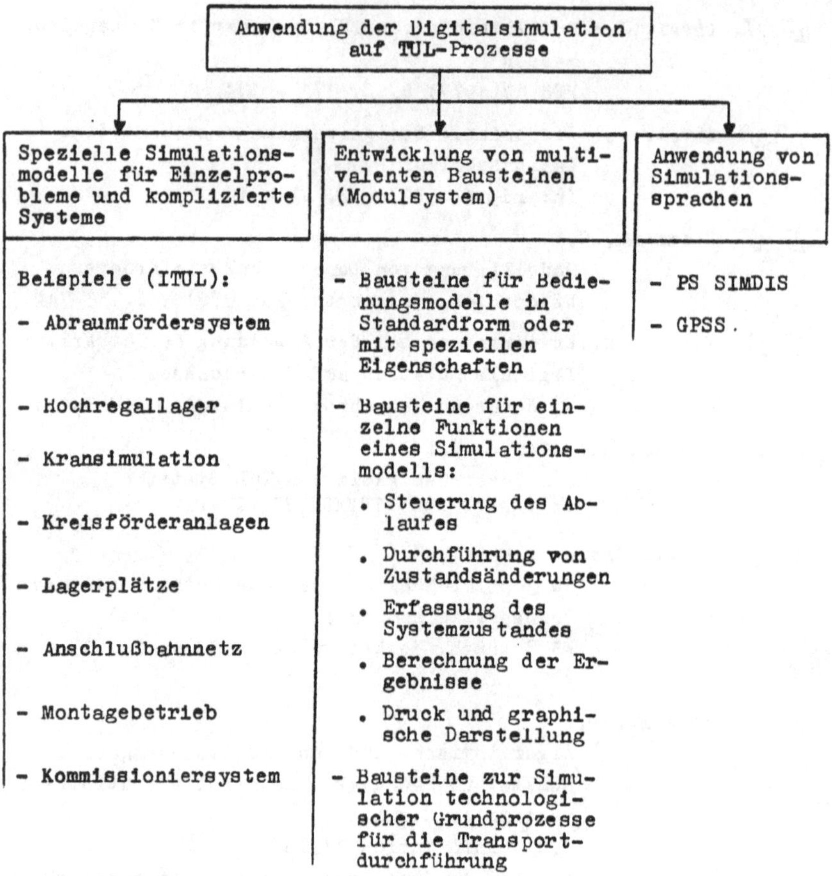


Bild 4: Arbeitsrichtungen

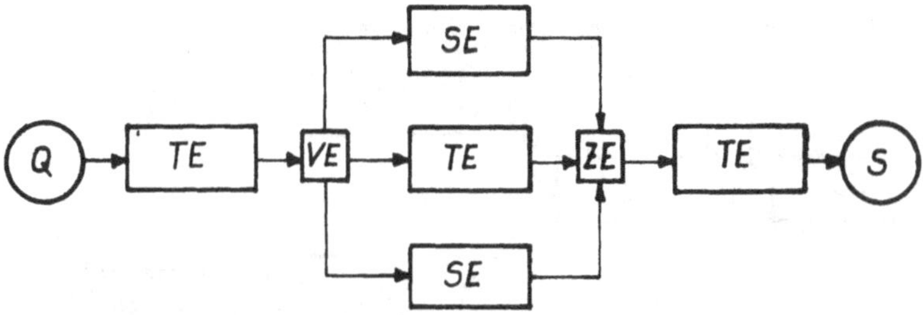


Q - Quelle
S - Senke
TE- Transportelement
SE- Speicherelement
VE- Verzweigungselement
ZE-Zusammenführungselement

**Bild 1: Struktur eines TUL-Systems**

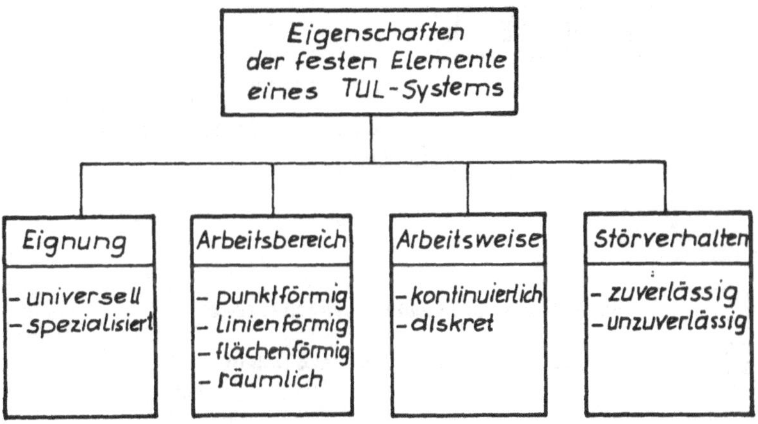


**Bild 2: Eigenschaften der festen Systemelemente**

**1. Kontinuierlich arbeitendes TUL-System**

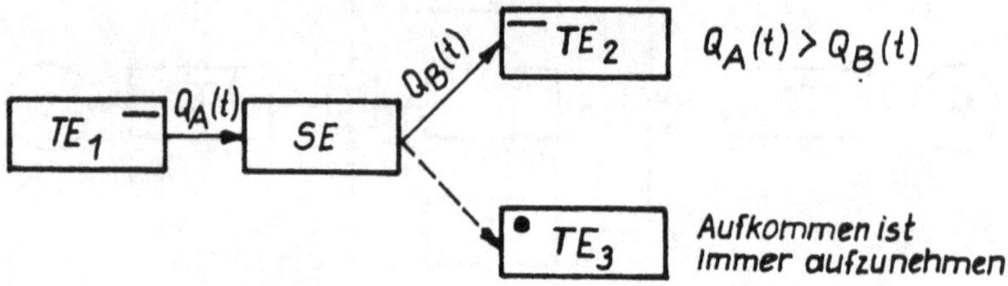


**2. Diskret arbeitendes TUL-System**

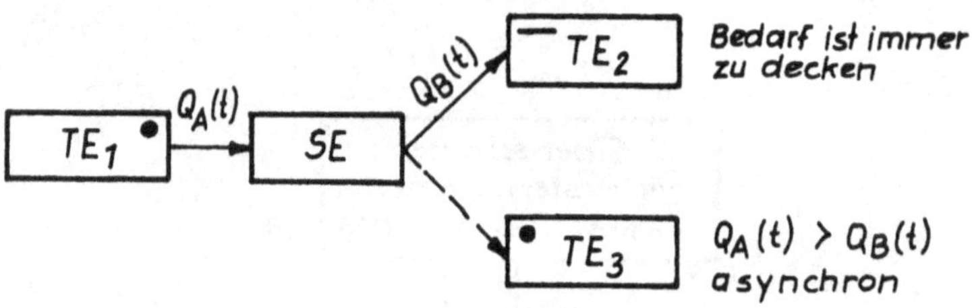

**unstetig arbeitendes Systemelement**

**stetig arbeitendes Systemelement**

**Bild 3: Kopplungsbedingungen**

# EIN FACHGEBIETSBEZOGENES SIMULATIONSSYSTEM FÜR DISKRETE TECHNOLOGISCHE PROZESSE

Doz. Dr. V. Dienhold, Doz. Dr. oec. M. Frank
Ingenieurhochschule Dresden - Sektion Informationsverarbeitung

## 1. Rechnergestützte Problemlösung in der technologischen Vorbereitung

Die ständige Erhöhung des Niveaus der Technologie und weiterer damit verbundener produktionsvorbereitender Bereiche ist ein gesamtgesellschaftliches Anliegen, denn jeglicher wissenschaftlich-technischer Fortschritt wird erst dadurch produktivitätswirksam und effektiv. [1] Die Wissenschaftsdisziplin Informatik hat dazu durch die Bereitstellung programmtechnischer Mittel im weitesten Sinne beizutragen.

Die bisherige Nutzung der elektronischen Datenverarbeitung im Bereich der Technologischen Vorbereitung (TV) der Produktion richtete sich vorrangig auf die Lösung von Routine*aufgaben*. [2] Die maßgebende Zielsetzung für den zukünftigen Einsatz ist die Integration der elektronischen Datenverarbeitung in Problembearbeitungsprozesse im Sinne ihrer Nutzung für die Lösung sogenannter Routine*probleme*. [2]

Problembearbeitungsprozesse dieser Art treten bei der Vorbereitung diskret diskontinuierlicher Produktionsprozesse - auf diese Prozeßklasse ist der vorliegende Beitrag bezogen - vor allem in der sogenannten technologischen Prozeßplanung auf. In deren Ergebnis entstehen Grob- und Feinprojekte künftiger Fertigungsabläufe und Fertigungsstrukturen als Grundlage für die Fertigung neuer Erzeugnisse, die Neuerrichtung oder Erweiterung bzw. für den Umbau von Fertigungsstätten.

-----------

1) Programm der Sozialistischen Einheitspartei Deutschlands, Dietz-Verlage Berlin 1976, S. 46

2) Fuchs-Kittowski, K. u.a.; Informatik und Automatisierung BD 1 Akademie-Verlag Berlin 1976, S. 256 ff

Rechnergestützte Problembearbeitung ist auch auf technologischem Gebiet mit der Nutzung mathematischer Modelle und Verfahren verbunden. Wie die bisherige Entwicklung zeigt, sind dabei Simulationsmodelle von besonderer Bedeutung. Sie können nahezu bei jeder technologischen Problematik und für beliebig komplexe Fragestellungen eingesetzt werden. Darüber hinaus ist zu vermerken, daß sich durch die Simulation für den Technologen die bewährte Methode des Experiments in bisher nicht möglicher Dimension anbietet.

Obgleich diese hervorragende Bedeutung der Simulationsmethode für den angegebenen Bereich in Fachkreisen allgemein anerkannt wird, ist sie jedoch bei weitem noch nicht zum alltäglichen methodischen Rüstzeug des praktisch tätigen Ingenieurs geworden. Das hängt unter anderem damit zusammen, daß bei Nutzung der gegenwärtigen Simulations-Software für den Problembearbeiter im beträchtlichen Umfang zusätzliche und für ihn neuartige Aktivitäten gefordert werden. Vor allem die zur Simulation notwendige Modellbildung und Programmierung sind hier zu nennen. Die für die diskrete Systemsimulation z. Zt. verfügbaren Programmiersysteme - in der DDR wird mit Abstand am häufigsten SIMDIS verwendet - entsprechen nicht den Erfordernissen des hier betrachteten Anwendungsfeldes. Das ist sowohl entwicklungs- wie auch konzeptionsbedingt.

Die meist als Simulationssystem bezeichneten programmtechnischen Unterlagen entstanden in zwei verschiedenen Ausprägungsformen, die nach charakteristischen Merkmalen ihrer Sprache als block- oder anweisungsorientiert benannt wurden. Anweisungsorientierte Systeme enthalten außer einem Ereignisplanungsmechanismus keinen ausgeprägten Vorrat an Modellelementen. Modellbildung und Programmierung werden somit nur geringfügig unterstützt. Blockorientierte diskrete Simulationssysteme verfügen über einen Bestand vorgefertigter Modellelemente. Dieser ist jedoch jeweils auf eine sehr umfangreiche Prozeßklasse - z. B. Bedienungssysteme im allgemeinen - ausgerichtet. Daraus resultiert ein Angebot sehr elementarer Mittel zur Modellbeschreibung, so daß auch diese Systeme - trotz der zweifellos schon gesteigerten Nutzerfreundlichkeit - für den Anwender noch mit hohem Lern-

und Arbeitsaufwand verbunden bleiben. Das ist vornehmlich auf die fehlende Adäquatheit der für die Problemlösung erforderlichen inhaltlichen Bestimmung des Objektsystems und des Modellelementebestandes bedingt.
Will man erreichen, daß die Methode des Simulationsexperiments nicht nur dem Spezialisten mit ausgeprägten rechentechnischen Kenntnissen und Fertigkeiten vorbehalten bleibt, sondern zu einem alltäglichen Instrumentarium auch des praktisch tätigen Ingenieurs wird, dann macht es sich erforderlich, entsprechende Hard- und Software-Systeme in einem höheren Grade anwenderfreundlich zu gestalten. Die Nutzungsformen der Rechentechnik müssen dem Arbeitsstil und -rythmus eines Ingenieurs in dem betreffenden Bereich angepaßt werden. Das bedeutet einerseits, daß ein freizügiges Experimentieren auf einem Rechnersystem ermöglicht werden muß, welches daher zu "beliebigen" Zeitpunkten längere Zeit zu geringen Kosten je Rechnerstunde in Anspruch genommen werden kann. Dieser Aspekt stellt vor allem Forderungen an die bereitzustellende Hardware, die bei dem heutigen Stand der EDV-Technik in erster Linie mit leistungsfähigen Kleinrechnern oder mit Mikroprozessorsystemen erfüllt werden können. Wegen des im allgemeinen sehr hohen Speicherplatzbedarfes bei der diskreten Simulation ist es notwendig, solche Technik unter Einbeziehung von peripheren Zusatzspeichern zu verwenden.

Anwenderfreundlich heißt aber andererseits auch, einen unkomplizierten Umgang mit der Rechentechnik selbst sowie mit dem Programmsystem zur Darstellung von Simulationsmodellen und zur Durchführung von Simulationsexperimenten zu erreichen. Zur Modellbildung und zum Experimentieren bedarf es:

1. einer Sprache zur Formulierung des (statischen) Modells (des Simulationsprogramms),
2. eines Übersetzers oder Interpreters zur Transformation des Simulationsprogramms in eine interne, vom Rechner verarbeitbare Kodierung,
3. eines Steuerprogrammsystems zur Realisierung der Dynamik des Verhaltens des nachgebildeten Prozesses

und aus der Sicht des hier erörterten Anwendungsbereiches nicht zuletzt

4. gewisser Kommandos und Routinen, die eine Dialogarbeit ermöglichen.

Die geforderte Anwenderfreundlichkeit muß sich also in programmtechnischer Hinsicht darauf erstrecken;

a) eine Simulationssprache zur Verfügung zu stellen, die mit einem Minimum an sprachlichen Mitteln die Beschreibung von Simulationsexperimenten für eine spezielle Prozeßklasse, z. B. diskrete Produktionsprozesse, ermöglicht.
b) eine leicht erlen- und reproduzierbare Kommunikation zwischen dem Nutzer und dem Rechner zur Handhabung des Systems gestattet.

Ein solches Simulationssystem bezeichnen wir - in Abgrenzung zu bisher bekannten allgemeinen Simulationssystemen (ASS) - als fachgebietsbezogenes Simulationssystem (FSS).

## 2. Das Modularkonzept des Simulationssystemes TOMAS

Die unter a) genannte Forderung bedingt eine gründliche Analyse der betreffenden Prozeßklasse zur Ermittlung typischer Elementarprozesse, d. h. häufig sich wiederholender Substrukturen, die im Sinne der zu lösenden Probleme als Prozeßelemente in Erscheinung treten. Gelingt es, eine Prozeßklasse wie z. B. die Fertigung von Stückgütern derartig zu zerlegen, daß mit den definierten Prozeßelementen der zu simulierende konkrete Prozeß (zumindest in der überwiegenden Mehrzahl der Fälle) bausteinförmig beschrieben werden kann, dann können Formalisierungen dieser Prozeßelemente als Programm-Module einer Simulationssprache zur Verfügung gestellt werden. Um eventuelle, von Anwender zu Anwender variierende Prozeßspezifika berücksichtigen zu können, ist es notwendig, den Modulvorrat in einfacher Weise anzupassen, insbesondere erweitern zu können. Aus diesem Grunde ist der Formalisierung der Elementarprozesse ein einheitliches Modellkonzept zugrunde zu legen. Ein dafür geeignetes mathematisches Schema ist der allgemeine, stochastische, initiale Asynchronautomat

$$\underline{A} = (\mathcal{X}, Z, \mathcal{Y}, T, P_f, P_g, \underline{Z}_o).$$

Es bedeuten

$\mathcal{X} = \{\underline{X}\}$ - Eingangssignale $\underline{X}$, mit Komponenten x $\underline{X}$, für die je ein Alphabet existiert.

$Z = \{\underline{Z}\}$ - Zustände $\underline{Z}$, mit Komponenten z, die ebenfalls durch ein Alphabet charakterisiert sind.

In $\underline{Z}$ werden drei Teilvektoren unterschieden:

$\underline{Z}_1$ - Parametervektor (feste Dimension, Experimentierparameter)

$\underline{Z}_2$ - Vektor der Hauptattribute (feste Dimension, Ergebnisdaten)

$\underline{Z}_3$ - Vektor der Zusatzattribute ($|Z_3| = f(\underline{Z}_1)$, interne Größen

$\mathcal{Y} = \{\underline{Y}\}$ - Ausgangssignale $\underline{Y}$, für deren Komponenten $y \in \underline{Y}$ ebenfalls je ein Alphabet gegeben ist

$T = \{t\}$ - Menge von Zeitpunkten, darin ist Halbordnungsrelation $\leq$ ausführbar ($T \subset R$, Teilmenge der reellen Zahlen)

$P_f$ = Tabelle bedingter Übergangsfunktionale, beschreibt das Funktionieren des modellierten Elements in der Form

$$\forall\, \underline{X} \in \mathcal{X}: \quad \underline{Z}\,(t+\varepsilon)_{\varepsilon \to 0} \quad = \quad P_f\,(\underline{Z}\,(t),\ \underline{X}\,(T))$$

Das heißt, die Überführung in einen neuen Zustand bei Anliegen eines Eingangssignales in einem Zeitpunkt erfolgt zeitlos.

$P_g$ = Tabelle bedingter Ergebnisfunktionale beschreibt die Erzeugung von Ausgangssignalen:

$$\forall\, \underline{X} \in \mathcal{X}: \mathcal{Y}(t+\varepsilon')_{\varepsilon' \to 0} \quad = \quad P_g\,(Z(t+\varepsilon)_{\varepsilon \to 0},\ X\,(t))\ ; \quad \varepsilon' > \varepsilon$$

Die Bildung des Ausgangssignales erfolgt zeitlos nach Überführung in den neuen Zustand.

$\underline{Z}_0 \in Z$ - determinierter oder stochastischer Anfangszustand.

Dieses Konzept gestattet eine einheitliche Formalisierung beliebig komplexer Substrukturen diskreter Prozesse und kann als prozeßorientierte Form der algorithmischen Modellierung bezeichnet werden. Die in allgemeinen Simulationssystemen dominierenden ereignis- oder zustandsorientierte Modellierung wird hiermit verlassen und durch eine formale Beschreibung ersetzt, bei der das einzelne formale Element einen endlichen mehrdimensionalen Zustands-Zeit-Raum im Sinne eines Teilprozesses abbildet. Das entspricht dem hier verfolgten Anliegen: Der Technologe z. B. hat in seinen Problembearbeitungen nicht vorrangig einzelne Zustandsgrößen, Übergänge oder Ereignisse des zu gestaltenden technologischen Prozesses im Blickfeld. Vielmehr denkt er in solchen Kategorien wie Werkstücke oder Aufträge (Lose), Arbeitsgänge, Handhabungen und Arbeitsplatzgruppen. also in gegenständlichen Elementen wesentlich komplexerer Natur.

Fußend auf entsprechenden, zunächst vornehmlich auf Großserienprozesse gerichteten - Prozeßanalysen wurde eine erste Version eines fachgebietsbezogenen Simulationssystems TOMAS (TECHNOLOGY ORIENTED MODELLING AND SIMULATION) entworfen. Dieses verfügt über eine erweiterbare Menge $\mathfrak{A}$ unterschiedlicher abstrakter Automaten $\underline{A}$. Jedes Element der $\mathfrak{A}$ -Menge, das heißt jeder Automatentyp, vermag ein Element der zu simulierenden Objektsysteme zu modellieren. Bei der Modellbildung für ein bestimmtes zu simulierendes Objektsystem OS ist daher aus $\mathfrak{A}$ eine Menge $\mathfrak{M}$ zu bilden, in der nur die für dieses Simulationsmodell benötigten Elemente von $\mathfrak{A}$ (Automantentypen) vertreten sind, und zwar so oft, wie das für dieses OS erforderlich ist. Auf dieser Menge $\mathfrak{M}$ werden Kopplungsrelationen $\rightarrow$ so bestimmt, daß das System $\mathfrak{M}' = \{\mathfrak{M}, \rightarrow\}$ als Simulationsmodell für OS fungieren kann. Die Realisierung der Kopplungen, das Zusammenwirken der in $\mathfrak{M}$ enthaltenen Automaten erfolgt über den Austausch von Signalen der nachfolgend genannten Klassen, die auf der Vereinigungsmenge der Ausgangs-/Eingangssignale definiert wurden:

1 - Ereignissignale dienen der internen Anmeldung zukünftiger und der Auslösung aktuell gewordener Ereignisse.

2 - Markierungssignale führen zur Veränderung von Operandenattributen.

3 - Blockierungssignale unterbinden die weitere Übergabe von Operanden bzw. leiten deren Fortsetzung ein.

4 - Übergabesignale zeigen die Übergabe von Operanden an.

5 - Störsignale schränken die Signalverarbeitung ganz oder teilweise ein bzw. heben solche Einschränkungen auf.

6 - Sondersignale realisieren verschiedene Hilfsfunktionen.

7 - Ausgabesignale veranlassen die Ergebnisübergabe an eine Ergebnisdatei.

0 - Start-Stop-Signale stellen die Beziehungen zu einem übergeordneten Plan des Experimentverlaufs her.

Jeder Signalart ist am Eingang und am Ausgang eines Automaten ein sogenannter Pol gleicher Bezeichnung zugeordnet. Mehrere zu ein und demselben Zeitpunkt möglicherweise von einem Automaten zu verarbeitende Eingangssignale werden zwischengespeichert und seriell verarbeitet. Ebenso seriell werden dabei gleichzeitig an verschiedenen Polen angezeigte Ausgangssignale behandelt.

Ausgehend von den notwendigen Widerspiegelungsfunktionen eines für fertigungsorganisatorische Problemlösungen eingesetzten Simulationsmodells werden folgende Klassen abstrakter Automaten $\underline{A}$ als Standard-Modellelemente definiert:

1) Operanden zur Formalisierung temporärer Elemente (Werkstücke, Aufträge) technologischer Prozesse,
2) Generatoren zur Erzeugung von Operandenströmen und von stochastischen sowie deterministischen Unterbrechungen des technologischen Prozesses,
3) Operatoren zur Formalisierung technologischer sowie organisatorischer Operationen.

Die erweiterbaren Klassen 2) und 3) enthalten als Standardelemente (Automatentypen):

Klasse 2 - Generatoren

. Operandengenerator (Erzeugung von Arbeitsgegenständen)
. Störsignalgenerator (Erzeugung von Unterbrechungen)

Klasse 3 - Operatoren

- Operatoren mit aktiver Verzögerung der Operanden
  . Bedienoperator MM (Arbeitsplatzgruppe mit M Plätzen)
  . Bedienoperator MN (Arbeitsplatzgruppe mit Mehrmaschinenbedienung)
- Operatoren mit passiver Verzögerung der Operanden
  . Verzweigungsoperator (Verzweigung eines Operandenstromes)
  . Vereinigungsoperator (Vereinigung von Operandenströmen)
  . Speicheroperator (Zwischenlagerung von Operanden)
  . Entnahmeoperator (Entnahme von Operanden aus einem Lager)
  . Zuordnungsoperator (z. B. Zuordnung von Montageteilen)
  . Dispositionsoperator (z. B. Disposition von Montageteilen)
  . Paketieroperator (z. B. zur Losbildung)
  . Kopieroperator (z. B. zum Lossplitten)

Die genannten Automaten ermöglichen die Bildung eines statischen

Modells des zu simulierenden Prozesses. Um auch dessen Dynamik zu erfassen, bedarf es geeigneter Mittel zur Organisation der Ereignisfolge, d. h. hier der quasi-parallelen Signalverarbeitung im Modell. Allgemeine Simulationssprachen verfügen über derartige Mittel. Für eine gegebenenfalls davon unabhängige Implementierung des FSS wird eine weitere Automatenklasse definiert:

Klasse 4 - Automaten zur Steuerung der Ereignisfolge, bestehend aus - Kalender - zur Planung zukünftiger und Aktivierung aktuell gewordener Ereignisse (Signalverarbeitungen)
und - Signalkette zur sequentiellen Übertragung aller momentanen (gleichzeitigen) Signale.

Jeder Automatentyp entspricht einem Modul und verkörpert eine unendliche Menge. Bei der Modellbildung wird daraus ein einzelnes Element durch Festlegung der formalen Parameter bestimmt, die dem einzelnen Automaten mit $\underline{Z}_1$ zugeordnet sind.
Die für die Module esistierenden formalen Parameter gewährleisten Flexibilität bezüglich verschiedener konkreter Anwendungen für unterschiedliche technologische Prozesse einer Klasse.

Beispiel: Transportoperation - zusammengesetzt aus Elementarprozeß „Verzweigen" und „Bedienung"

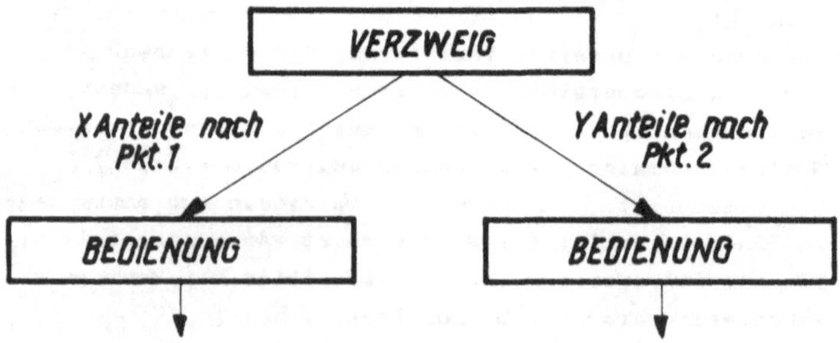


Bild 1: Transportoperation

## 3. Aspekte der Dialoggestaltung

Die in Abschnitt 1 unter b) geforderte anwenderfreundliche Arbeitsweise kann nur mit Hilfe des sogenannten Dialogbetriebes realisiert werden. Unter dieser Betriebsweise wird die ständige Rückkopplung zwischen Nutzeraktionen und Rechnerreaktionen und umgekehrt während der Phasen der Programmherstellung, -testung und -abarbeitung (Simulationsexperiment) verstanden. Damit wird auch deutlich, daß sich diese Forderung auf alle Komponenten des Simulationssystems auswirkt,

d. h. - auf die Ausdruckmittel der Sprache,

- auf die Gestaltung des Übersetzungsvorganges,
- auf das Steuerprogrammsystem, welches wesentliche Informationen des Simulationsexperimentes verwaltet.

Diese Betriebsweise beinhaltet in der Regel für alle Phasen sogenannte Systemunterstützungen, welche es gestatten, die Vorkenntnisse zur Arbeit mit dem Hardware-Software-System gering zu halten und erst bei der Arbeit mit dem System eine Vielzahl der Aktionen auslösenden sprachlichen Mittel zu erlernen.

Systemunterstützungen sind bei einem modular aufgebauten System z. B. das Auflisten der vorhandenen Module, ihrer Parameter, ihrer Funktionsbeschreibung und Leistungsfähigkeit, wobei dies wahlweise für einzelne ausgewählte oder für alle Module erfolgen kann.

Bezüglich der Dialogfähigkeit eines Simulationssystems im allgemeinen sind folgende Grundsätze formulierbar:

- Eine Modellmanipulation (Struktur- und Parameteränderungen) ist in der Regel nur nach Abschluß eines Simulationsversuchs notwendig, wenn mit statistischer Sicherheit das Resultat erhalten wurde. Für ein modular aufgebautes System bedeutet dies Module zu streichen, auszutauschen, einzufügen bzw. deren Kopplung zu verändern oder Parameter in den verwendeten Modulen zu ändern.
- Infolge der hohen Rechenzeiten bei der Durchführung des Simulationsversuchs (1 Std. ist keine Seltenheit) sind die Übersetzungszeiten des Simulationsprogrammes demgegenüber klein, so daß nach jeder Modellmanipulation eine Neuübersetzung erfolgen kann. Das Vorhandensein inkrementeller Compiler ist so-

mit keine zwingende Notwendigkeit.

Spezielle Forderungen des Dialogs beinhalten:

- die Möglichkeit der wahlweisen Auflistung bestimmter statistischer Prozeßgrößen wie z. B. der Längen der Warteschlangen während und nach dem Ende des Experiments. Dies bedeutet die Forderung nach Unterbrechbarkeit mit beabsichtigter Fortsetzung.
- eine einfache Handhabung bei der Korrektur syntaktischer Fehler während des Programmiervorganges an einem Terminal.
- leicht erlernbare mnemotechnische Begriffe für notwendige Dialogkommandos und Modulbezeichnungen.
- ausführliche Beschreibung von aufgetretenen Fehlern (logischen) während des Experimentiervorganges und entsprechende Standardkorrekturvorschläge, z. B. Wertänderungen in blockierten (zeitweise nicht zugänglichen) Elementen des Simulationsmodells.

## 4. Zur Darstellung des Simulationsprogrammes unter Benutzung der Module

Als Hilfsmittel zur Programmierung sollte ein Strukturgraph Verwendung finden, dessen Knoten technologischen oder organisatorische Operationen repräsentieren und dessen Kanten den möglichen Werkstückfluß angeben. Ein einfaches Beispiel für einen Montageprozeß zeigt Bild 2:

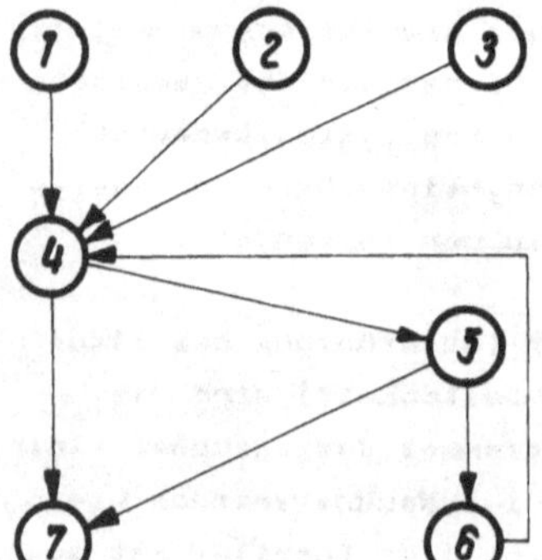


Bild 2: Strukturgraph

Knoten 1 bis 3: Bereitstellen von Arbeitsgegenständen

Knoten 4: Montage

Knoten 5: Gütekontrolle einer Stichprobe der montierten Teile

Knoten 6: Demontage von Ausschuß und Rückgewinnung von Teilen

Knoten 7: Versand der Montageprodukte

Mit einer als 1. Fassung definierten Modulmenge für Großserienprozesse läßt sich der angegebene Strukturgraph in die im Bild 3 dargestellte Struktur des Modulaufrufprogrammes umsetzen und schließlich damit das eigentliche Simulationsprogramm (vergl. nachfolgendes Beispiel) darstellen.

K1, K2 usw. beziehen sich auf die Knoten von Bild 2,

Puf = Puffer (Zwischenlager)

* = Kommentaranfang

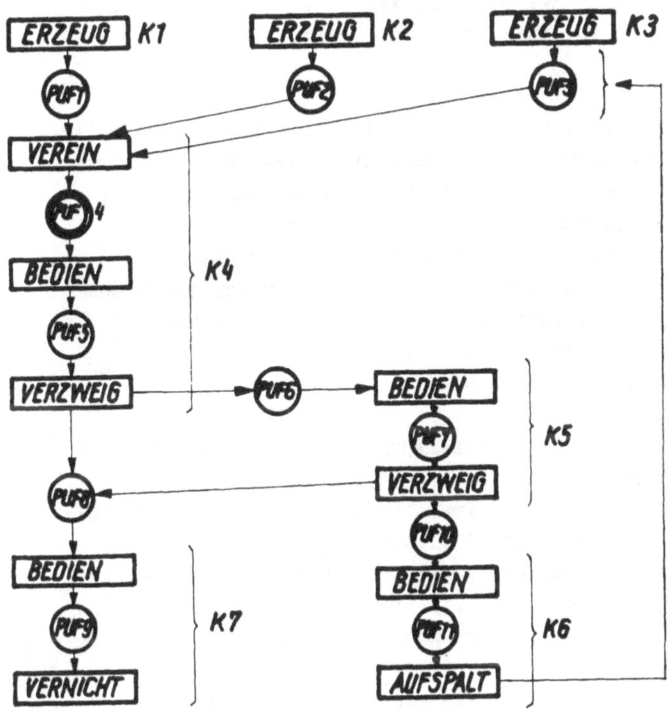


Bild 3 : Struktur des Modulaufrufprogramms

**Beispiel eines Modulaufrufprogrammes**

```
PROG MONT;
*  DEFINITIONEN VON ELEMENTEN UND GRUPPEN;
ENT MONT;      * ELEMENTE  :  ARBEITSGEGENSTAND;
ENT WER 1;
ENT WER 2;
  .
  .
SET PUF 1;     * GRUPPEN  :  PUFFER;
SET PUF 2;
SET PUF 3;
* AKTIONSTEIL : STATISCHES PROZESSMODELL;
1  :  SMOD ERZEUG (..., WER 1, PUF 1, ...) (4);
2  :  SMOD ERZEUG (..., WER 2, PUF 2, ...) (4);
* BEREITSTELLEN VON WERKSTÜCKEN;
       .
       .
       .
4  :  MOD VEREIN (MONT; PUF 3, .., PUF 1, WER 1, 20, ..) (4.1);
* VEREINIGUNG VON ARBEITSGEGENSTÄNDEN; WERKSTÜCKE
* WERDEN ZU EINEM PRODUKT MONT ZUSAMMENGEFASST;
4.1. MOD BEDIEN (..., G, 1000, 500, ...) (4.2);
* BERECHNUNG DER BEDIENZEIT FÜR MONT NACH
* EINER GLEICHVERTEILTEN ZUFALLSGRÖSSE IM INTER-
* VALL ZWISCHEN 500 BIS 1000 ZEITEINHEITEN;
4.2. MOD VERZWEIG (...)(5,7);
* VERZWEIGUNG NACH ZWEI PUNKTEN;

   FORTSETZUNG MODULARAUFRUFPROGRAMM MONT;
5  : MOD BEDIEN (...) (5,1);
* BEDIENZEIT VON MONT-TEILEN DURCH GÜTEKONTROLLE;
5.1. MOD VERZWEIG (....)(6.1,7);
* VERTEILUNG VON FEHLERFREIEN UND -HAFTEN TEILEN;
6.1. MOD BEDIEN (....) (6.2.);
* DEMONTAGE VON FEHLERHAFTEN TEILEN;
6.2. MOD AUFSTALTEN (....) (4);
* AUFSPALTEN VON FEHLERHAFTEN MONT-TEILEN;
* IN RÜCKGEWINNBARE EINZELTEILE;
```

7 : MOD BEDIEN (....) (7.1);
* VERSANDLEISTUNGEN FÜR DAS FERTIGPRODUKT;
7.1. MOD VERNICHT (....)
* VERNICHTUNG DES FORDERUNGSSTROMES (ARBEITSGEGENSTÄNDEN)
END;

Bemerkungen zur dynamischen Modulaufruffolge:
Im Zusammenwirken mit dem Simulationssteuerprogramm (SP) erscheint jeder Modul als ein Ereignis (kein zeitverbrauchender Vorgang), welches entsprechend dem dynamischen Geschehen des simulierten Prozesses durch das Steuerprogramm aufgerufen werden kann. Der Aufruf kann zu beliebigen Zeitpunkten erfolgen und wird vom SP infolge einer Eintragung in einem Kalender realisiert. Zu Beginn des Experimentes werden die als Startmodul (SMOD) bezeichneten Module in den Kalender eingetragen. Diese planen wiederum nachfolgende im Strukturgraph als mögliche Nachfolger ausgewiesene Module. Ein Modul plant also zukünftig abzuarbeitende Module vor, genauso wie er sich auch wieder selbst verursachen kann.
Auf die dem Modul zugeordneten Algorithmen kann im Rahmen dieser Arbeit nicht eingegangen werden.

## 5. Über die Basissprache DDSS

Zur "inneren Gestaltung" eines Moduls, d. h. zur programmtechnischen Umsetzung seines Algorithmus bedarf es einer Basissprache, mit der unter Inanspruchnahme von Systemprogrammen (Compilern, Verbinder, Lader) ein abarbeitungsfähiges Maschinenprogramm entstehen kann.

Für die Wahl der Basissprache waren zwei wesentliche Forderungen maßgebend:

1. Aus Gründen einer hohen Speicherplatzeffektivität (Realisierung auf Kleinrechnern mit geringen Speicherplatzaufkommen) ist die Herstellung effektiver Codeprogramme notwendig.
   Folgerung: Anwendung von Programmiersprachen niederen Niveaus, z. B. Assemblersprache.
2. Breite Anwendbarkeit des Modularsystems für eine Prozeßklasse mit der Möglichkeit der Erweiterung der vorhandenen Modulmenge

sowie der Darstellung spezifischer Sachverhalte ohne Verwendung der Modulmenge.

Folgerung: Verwendung einer problemorientierten Programmiersprache wie z. B. FORTRAN (Sprache mit hohem Verbreitungsgrad).

Unter Berücksichtigung dieser beiden Forderungen und der Forderung danach, für typische, sich häufig wiederholende und für Simulationsexperimente wesentliche Operationen sprachlichen Mittel zur Verfügung zu stellen, wurde ein an FORTRAN und SIMSCRIPT (SIMULTATION und SCRIPTURE) angelehntes Basissystem DDSS (Digitales Diskretes Simulations-System) geschaffen.

FORTRAN ist bekanntlich in seinem Sprachumfang eine der redundanzärmsten problemorientierten Sprachen und ermöglicht daher, relativ effektive Objektprogramme herzustellen.
Darüber hinaus wird diese Sprache von vielen Ingenieuren bereits beherrscht und, was nicht unwesentlich ist, es gibt für die in der DDR verwendbaren Kleinrechner (KRS 4200) einen FORTRAN-Compiler. SIMSCRIPT enthält FORTRAN als sprachliche Teilmenge und stellt darüberhinaus typische sprachliche Mittel für häufig wiederkehrende Operationen für Simulationsexperimente zur Verfügung. Die Modellierungsmethode, die bei dieser Sprache benutzt wird, ist allgemein genug, um verschiedene Prozeßklassen darstellen zu können. Da es in der DDR keinen Anwenderkreis für SIMSCRIPT-Programme gibt, war die Freiheit gegeben, Modifikationen und Veränderungen typischer sprachlicher Mittel vornehmen zu können, die dem Zwecke dienten, die programmtechnischen Handhabungen weiter zu vereinfachen. Damit konnte die Anzahl der für Simulationsexperimente typischen Operationen auf sieben beschränkt werden, wobei noch zusätzlich Definitionsanweisungen für Objekte (temporäre und permanente Einheiten des Simulationsmodelles) existieren.

Nachfolgende Aufstellung enthält die Menge dieser simulationstypischen sprachlichen Elemente:

Elemente der Basissprache

- FORTRAN
- Spezifische Sprachteile

- Anweisungen:
  - CREATE : Erzeugen eines Objektes
  - DESTROY: Vernichten eines Objektes
  - CAUSE : Eintragen eines Ereignisses
  - CANCEL : Streichen eines Ereignisses
  - FILE : Einordnen in eine Gruppe (Que)
  - REMOVE : Herausholen aus einer Gruppe
  - LET : Wertzuweisung an ein Attr. eines Objektes
- Definitionen:
  - ENTITY : Definition eines Objektes
  - ATTR {R, S, D} : Definition von Attributen des Objekts und Attr.-Typs
  - SET : Definition einer Gruppe
  - EVENT : Definition eines Ereignisprogrammes
  - PARAM : Definition von Parametern des Ereignisprogrammes

Durch einen Vorübersetzer erfolgt die Übersetzung dieser sprachlichen Elemente in Steuerprogrammsystemteile, die in einem FORTRAN-Programm enthalten sind und anschließend durch den FORTRAN-Compiler (vorhanden) in ein Maschinenprogramm.

Übersetzung

- Compiler
- Präcompiler

| Quelltexte | Präcompiler | Zieltext |
|---|---|---|
| DDSS(B)-spezifische Definitionen und Anweisungen | übersetzen → | FORTRAN-programm |
| FORTRAN-Definitionen und Anweisungen | übernehmen → | |

aus

FILE F objekt (index) IN set (index) WRZ

wird

CALL SISP (8,LZ,IN,LZ,IN)

Sofern man davon ausgehen kann, daß FORTRAN vom Anwender beherrscht wird, ist der Lernaufwand für die Basissprache minimal.

Man muß allerdings berücksichtigen, daß neben der Sprache auch die "Modellphilosophie" beherrscht werden muß. Dort dürften die größeren Schwierigkeiten liegen.

Beispiel für ein Programm:

```
PROGRAM SIMU
C DEFINITION EINER MASCHINENGRUPPE
      ENTITY MG
      ATTR / FREI
        .
        .
        .
        .
C FORTRAN - DEFINITIONEN
      INTEGER N,AN
C EINLESEN DER MASCH.-GRUPPEN-ANZAHL
      READ (E/A-GERAET, 100)N
100 FORMAT (I2)
    DO 10 I = 1,N
    CREATE MG (I)
    READ (E/A-GER., 100)AN
10  LET MG (I) (FREI) = AN
    N = 0
    CAUSE ANKU AT N
        .
        .
        .
```

## Schlußbemerkungen

Mit dem vorgestellten dialogfähigen Modularsystem und den Möglichkeiten zur Gestaltung spezifischer Simulationsmodelle auf der Grundlage der diskutierten Basissprache soll eine hohe Rentabilität der dazu geschaffenen Software erreicht und dem breiten Kreis praktisch tätiger Ingenieure (Technologen) ein Hilfsmittel zur tieferen wissenschaftlichen Durchdringung ihrer Probleme in die Hand gegeben werden.

## Literaturverzeichnis

Dienhold, V.; Heim, E.; Lunze, G.
Ein dialogfähiges, modulares Simulationssystem für diskontinuierliche Prozesse unter Verwendung von Kleinrechnersystemen mit peripheren Zusatzspeichern
Wissensch. Beiträge, IH Dresden, Heft 4/1978

Frank, M. Einige Forderungen an Simulationssysteme für Fertigungsprozesse
Die Technik, 39 (1977) H. 7, S. 378 - 382

Frank, M. Ein automatentheoretisches Modellkonzept für ein fachgebietsbezogenes Simulationssystem zur Untersuchung diskreter technologischer Prozesse
Dissertation B, TH Ilmenau,eingereicht Dez./1978

Schwarze, G. Sachgebietsbezogene Simulationssysteme
Vortrag zur 2. Tagung Industriemathematik, TH Magdeburg 1978

Trenkner, T. Ein modulares Simulationskonzept für Produktionsprozesse auf der Basis des VOPS SIMDIS
Dissertation A, Ingenieurhochschule Dresden 1978